확률

이 책은 2022년 대한민국 교육부와 한국연구재단의 지원을 받아 수행된 연구 저술입니다. NRF-2022S1A5B5A16050328. 대한민국 교육부와 한국연구재단에 고맙습니다.

학아재 모노그라프 | 002

확률

믿음과 우연

김명석 지음

학아재

박일호 교수께

나에게 필요한 믿음직함 연구를 이미 다 해놓은 박일호 교수께 이 책을 바친다. 그와 토론하는 모든 시간 동안 나는 늘 많은 것을 배운다.

머리말

우리는 확률을 어떻게 이해해야 하는가? 이 책은 이 물음에 답한다. 이 책에 나오는 나의 답변을 짧게 요약하겠다. 첫째, 확률을 사건에 매기는 일어남직함과 명제에 매기는 믿음직함으로 나눈다. '사건의 존재'와 '명제의 인식'은 매우 다르게 접근해야 한다. 이 접근의 차이 때문에 '일어남직함'과 '믿음직함' 사이에 개념 차이가 생긴다. 일어남직함은 존재 확률이며 사건의 확률이지만 믿음직함은 인식 확률이며 명제의 확률이다.

둘째, 믿음직함을 이야기하기에 앞서 명제 개념을 튼튼히 세워야 한다. 명제는 존재를 구성하는 항목이라기보다 인식을 설명하는 항목이다. 일단 명제 개념이 세워지면 이 개념 위에서 믿음직함의 공리를 세운다. 그다음 믿음직함의 공리를 따르는 '헤아린 믿음직함'에 우리 관심을 집중한다. 남은 일은 믿음직함을 매길 인식 상황을 규정하는 일이다. 인식 상황을 구성하는 것은 명제마당, 배경정보, 새 정보다.

셋째, 새 정보가 주어지면 기존 믿음직함은 바뀌는데 조건화 규칙은 우리가 새 정보를 안 다음에 기존 믿음직함이 어떻게 바뀌어야 할지를 알려준다. 박일호 교수는 조건화 규칙과 관련된 여러 원리를 아주 빼어나게 해명했다. 그의 연구를 바탕으로 안정화 원리, 믿음 갱신 원리, 이차 주요 원리, 고차 믿음 갱신, 반영 원리를 나의 이론에 어울리도록 해설한다.

넷째, 주체의 믿음직함 변화는 주체에게 정보가 주어지는 절차에도 의존한다. 정보는 크게 두 가지 절차에 따라 주체에게 주어진다. 하나는 치우친 절차고 다른 하나는 마구잡이 절차다. 선택효과는 정보가 주어지는 절차에 따라 믿음직함 셈이 달라지는 현상이다. 과학자들과 철학자들이 아직도 오류를 저지르는 몇 가지 선택효과를 해설하고 이를 우주론에 적용한다.

다섯째, 현실 세계에 일어나는 사건이 과거 사건과 동역학 법칙에 따라 완전히 결정된다면 사건의 일어남직함은 늘 하찮다. 사건에 0과 1 사이의 하찮지 않은 일어남직함을 주려면 비결정 상황에서 사건이 일어나야 한다. 우리 현실 세계에서 하찮지 않은 일어남직함을 이해하려고 양자 사건의 일어남직함을 이야기한다. 양자 사건의 일어남직함은 일종의 물리량이다. 하지만 명제의 믿음직함은 물리량이 아니다.

많은 과학자와 철학자는 정보와 엔트로피 사이에 끈끈한 개념 연결이 있다고 생각한다. 확률 개념은 두 개념을 잇는 다리 역할을 한다. 깁스 엔트로피와 섀넌 엔트로피에 나오는 '확률'은 믿음직함인가 일어남직함인가? 엔트로피는 일어남직함을 써서 정의해야 하는가 믿음직함을 써서 정의해야 하는가? 나의 다음 연구는 이 물음에 답하는 것이다.

이 책이 나오는 데 많은 이의 도움이 있었다. 이 책을 디자인한 안미경 작가께 감사드리고, 함께 세미나를 하며 글을 읽어준 학아재 김로이 박사, 김진석 연구원, 김동해 연구원, 유엉훈 연구원, 이고은 연구원께 감사드린다.

목차

머리말	05

01 확률
0101 확률의 이해	12
0102 주관과 객관	15
0103 사건과 명제	17
0104 조건, 증거, 시간	20
0105 불확실, 불확정, 미결정	23
0106 분포와 빈도	27
0107 필연, 우연, 가능	31

02 믿음직함
0201 믿음의 물질화	38
0202 해석이론	45
0203 믿음과 명제	50
0204 믿음직함의 공리	54
0205 헤아린 믿음직함	60
0206 인식 상황	65
0207 믿음직함의 갈래	69
0208 명제마당	74
0209 무차별 원리	79
0210 가능세계	84
0211 분할명제	89
0212 설정정보	93

03 조건화

0301	베이즈 공리	106
0302	무관함	119
0303	안정화 원리	142
0304	믿음 갱신 원리	162
0305	이차 주요 원리	169
0306	고차 믿음 갱신	176
0307	반영 원리와 주요 원리	184

04 선택효과

0401	몬티 홀	194
0402	두 사물	207
0403	치우친 절차	216
0404	코기토	228
0405	깨어남과 생겨남	244
0406	인간 원리	257

05 일어남직함

0501	사건	276
0502	결정주의	283
0503	우연성	290
0504	양자 사건	296
0505	일차 주요 원리	314

	참고문헌	323

01. 확률

우리는 확률을 어떻게 이해해야 하는가? 확률은 객관성을 갖는가 주관성만 갖는가? 이 물음에 답하려면 확률을 일어남직함과 믿음직함으로 잘 갈래짓고 이 둘을 제각기 제대로 이해해야 한다. 일어남직함은 존재 확률이며 사건의 확률이다. 믿음직함은 인식 확률이며 명제의 확률이다. 사건은 존재를 구성하는 존재 항목이며 명제는 인식을 설명하는 인식 항목이다. '사건의 존재'와 '명제의 인식'은 매우 다르게 접근해야 한다. 당연히 우리 마음은 존재 항목을 인식화하고 인식 항목을 존재화한다. 하지만 존재 항목을 잘못 인식화해서는 안 되며 인식 항목을 잘못 존재화해서노 안 된다.

0101. 확률의 이해

동전이 앞면이 나올 확률은 1/2이고 동전이 뒷면이 나올 확률은 1/2이라 말들 한다. 여기 나오는 낱말 "확률"은 매우 어려운 말이다. 우리는 이 낱말이 무엇을 뜻하는지 이해하고 싶다. 이 분야의 탐구를 흔히들 "확률의 해석"이라 한다. 여기서 "해석"은 한 개념을 실제 현상이나 실제 존재와 연결함으로써 그 개념을 이해하는 일이다. 나는 낱말 "해석"을 이런 방식으로 쓰는 것이 달갑지 않기에 "확률의 해석"을 그냥 "확률의 이해"로 쓰겠다.

  한자어 "확률"確率을 뜻풀이하면 '확신하는 정도'나 '확실한 정도'다. "확률"에 해당하는 영어 낱말 "프로버비러티"probability는 라틴말 "프로바레"에서 왔다. 이는 '검사하다' '가늠하다' '증명하다'를 뜻한다. 인도유럽 할머니말에서 이 낱말은 '앞에 세워놓고 그것이 좋다거나 옳다고 가늠하다'를 뜻했던 것 같다. 라틴말 "프로바빌리스"는 '괜찮은' '믿을 만한' '믿음직한' '높이 살 만한'을 뜻한다. 한편 물체나 물리 세계 안에 진정한 우연이 있다면 그 우연이 얼마큼 자주 또는 드물게 일어나는지를 가늠하는 척도가 있어야 한다. 영어를 쓰는 이들은 이 척도를 "챈스"chance라 한다. 이 낱말은 본디 '어쩌다 일어남'을 뜻한다.

확률의 이해들은 크게 두 가지로 나뉜다. 하나는 확률값을 객관 값으로 이해한다. 이렇게 이해된 확률은 '객관 확률'이다. '객관 확률'을 흔히들 "챈스"라 하는데 나는 이를 "일어남직함"으로 옮긴다. 다른 하나는 확률값을 주관 값으로 이해한다. 이렇게 이해된 확률은 '주관 확률'이다. '주관 확률'을 나타내는 영어 낱말은 "크리던스"^{credence}다. 한국에서 이를 보통 "신념도"라 하는데 나는 이를 "믿음직함"으로 옮긴다.

우리가 말하는 확률이 '일어남직함'이냐 '믿음직함'이냐를 묻기 전에 먼저 짚어야 할 것이 있다. 주장 "확률은 일어남직함이다"와 주장 "확률은 믿음직함이다" 가운데 무엇이 참인가? 우리는 세 가지 답을 낼 수 있다. 첫째 "확률은 일어남직함이다"만 참이라 답한다. 둘째 "확률은 믿음직함이다"만 참이라 답한다. 셋째 "확률은 일어남직함이다"와 "확률은 믿음직함이다"가 둘 다 참이라 답한다. 나의 잠정 답변은 셋째다. '일어남직함으로서 확률'과 '믿음직함으로서 확률'은 다른 확률이며 나름의 쓰임새가 있다.

남은 일은 일어남직함이 무엇이며 믿음직함이 무엇인지 또렷이 이해하는 일이다. 이 책에서 나는 믿음직함이 무엇인지 이해하는 데 더 많이 애쓸 것이다. 믿음직함에도 여러 갈래가 있는데 생각의 결에 맞게 이를 갈래지을 수 있다. 몇몇 학자가 말하는 일어남직함은 사실상 믿음직함의 한 갈래일 뿐이다. 당연히 여러 믿음직함을 서로 이어주는 원칙 나아가 일어남직함과 믿음직함을 이어주는 원칙이 있다.

0102. 주관과 객관

많은 이들이 "동전이 앞면이 나올 확률은 1/2이다"에 나오는 확률을 '주관 확률'로 이해해서는 안 된다고 말들 한다. 그들은 그 확률이 '객관 확률'이라 믿는다. 달리 말해 그들은 "동전이 앞면이 나올 확률은 1/2이다"에 나오는 "확률"이 '믿음직함'이 아니라 '일어남직함'이라 생각한다. 우리는 낱말 "주관"과 "객관"을 각자 똑같이 이해하고 있는가?

동전과 주사위는 당연히 믿음을 갖지 않는다. 사람과 같은 인식 주체만이 믿음을 가질 수 있다. 이 점에서 믿음직함은 주체가 갖는 확률이다. 믿음직함은 곧 주체의 믿음직함이다. 하지만 주관 확률 또는 주관 믿음직함은 주체가 제각기 아무렇게 갖는 값이지는 않다. 주체가 아무렇게 믿는다고 가정하는 것은 잘못되었다. 주체는 "제곱해서 2가 되는 유리수는 없다"나 "지구는 해 주위를 공전한다" 같은 객관 앎을 가질 수 있다. 마찬가지로 주체는 객관 믿음직함을 가질 수 있다. 주체는 "'동전이 앞면이 나온다'의 믿음직함은 '동전이 뒷면이 나온다'의 믿음직함과 같다"로부터 "'동전이 앞면이 나온다'의 믿음직함은 1/2이다"를 얻는다.

우리는 낱말 "주체", "주관", "객체", "객관"을 매우 주의 깊게 써야 한다. 확률을 주관 확률과 객관 확률로 갈래짓는 것 또는 주체의 확률과 객체의 확률로 갈래짓는 것은 나름의 까닭과 쓰임새가 있다. 하지만 내 생각에 이러한 갈래짓기는 흐릿함과 헷갈림의 바탕이 되곤 했다. 당연히 갈래짓기에서 약간의 흐릿함과 헷갈림은 언제나 있기 마련이다. 하지만 흐릿함과 헷갈림을 더 줄일 수 있는 갈래짓기가 있다면 그것은 더 좋은 갈래짓기다.

나는 확률을 크게 "존재^{ontic} 확률"과 "인식^{epistemic} 확률"로 갈래짓는다. 일어남직함은 존재 확률이고 믿음직함은 인식 확률이다. 일어남직함은 존재 곧 실제 물건이나 실제 사건에 매기는 확률이다. 이 점에서 일어남직함은 대체로 객관 확률이거나 객체의 확률이다. 믿음직함은 주체의 확률이지만 믿음직함도 충분히 객관성을 띨 수 있다. 이 때문에 우리는 '객관 믿음직함'을 이야기할 수 있다. 만일 "믿음직함"을 '주관 확률'로 이해하면 표현 "객관 믿음직함"은 '객관 주관 확률'처럼 야릇한 말이다. 하지만 만일 "믿음직함"을 '인식 확률'로 이해하면 표현 "객관 믿음직함"은 '객관 인식 확률'이고 이는 하나도 야릇하지 않다.

0103. 사건과 명제

많은 이가 사건의 확률과 명제의 확률을 분간하지 않는다. 철학자는 주로 명제의 확률을 이야기하고 과학자는 주로 사건의 확률을 이야기한다. 수학자는 대체로 집합에 확률값을 준다. 사건의 확률을 이야기하는 사람조차도 흔히 "사건이 일어날 확률"을 이야기한다. 이는 "명제 '사건 e가 일어난다'의 확률"을 이야기하는 셈이다. 과학자와 철학자가 '사건의 확률'과 '명제의 확률'을 각각 이야기할 때 이들은 이것이 큰 차이가 없으리라 안심한다.

왜 안심해야 할까? 안심하지 못할 까닭이 몇 가지 있다. 무엇보다 '사건'과 '명제'는 매우 다르다. 특히 개별 물리 사건은 특정 시간과 특정 공간에 일어나 잠시 지속하거나 이내 사라진다. 하지만 명제는 특정 시간과 특정 공간에 지속하거나 사라지는 항목이 아니다. 이 차이를 해소하려고 명제의 확률을 이야기하는 몇몇 철학자는 명제가 특정 시간과 특정 공간에서 참 또는 거짓이라 말한다. 이런 명제 개념은 분명 나름의 쓰임새가 있지만 내 생각에 이것은 '명제'의 핵심 개념을 왜곡하는 일이다.

"지금은 겨울이다"가 겨울에 참이지만 여름에 거짓인 까닭은 명제 "지금은 겨울이다"가 시간에 따라 참값이 바뀌기 때문이 아니다. 문장 "지금은 겨울이다" 자체는 이것이 표현하고자 하는 명제를 제대로 표현하지 못한다. 문장 발화나 문장 기재 "지금은 겨울이다"는 언제 발화되고 언제 기재되느냐에 따라 다른 명제를 표현한다. 겨울에 발화된 "지금은 겨울이다"와 여름에 발화된 "지금은 겨울이다"는 다른 명제를 표현하며 앞의 명제는 참이고 뒤의 명제는 거짓이다. 문장 "지금은 겨울이다"는 시간에 따라 다른 명제를 표현할 뿐이지 같은 한 명제가 시간에 따라 참값이 바뀐 것이 아니다. 물론 만일 문장이 참값을 갖는다면 문장 "지금은 겨울이다"의 참값은 시간에 따라 바뀐다고 볼 수 있다.

나는 '명제의 확률'과 '사건의 확률'을 아예 다른 확률로 갈래짓는다. 일어남직함은 사건의 일어남직함이지 명제의 일어남직함이 아니다. 믿음직함은 명제의 믿음직함이지 사건의 믿음직함이 아니다. 일어남직함과 믿음직함을 또렷이 이해하려면 사건이 무엇인지 명제가 무엇인지 또렷이 이해해야 한다. 사건이 무엇이며 명제가 무엇이냐의 물음은 크나큰 물음이다. 가장 중요한 것은 사건이 존재를 구성하는 존재 항목이며 명제가 인식을 설명하는 인식 항목이라는 점이다.

물리 사건은 물리 시간과 물리 공간에 발생하지만 명제는 물리 시간과 물리 공간에서 발생하지 않는다. 명제는 다만 인식 상황에서 참 또는 거짓으로 드러날 뿐이다. 인식 주체는 아직 참 또는 거짓으로 드러나지 못한 명제를 향해 지향 관계를 맺는다. 이 지향 관계는 믿음 사건을 낳는다. 믿음 사건의 일어남직함과 그 믿음의 믿음직함을 연관지을 때 사건의 일어남직함과 명제의 믿음직함이 뒤섞인다. 마음 사건의 일어남직함은 심리철학, 언어철학, 형이상학의 가장 밑바닥까지 내려가서 이해해야 한다. 나는 이 주제를 이 책에서 다루지 않는다. 이 뒤섞임을 막으려고 나는 일어남직함을 일단 물리 사건의 일어남직함으로 한정하겠다.

0104. 조건, 증거, 시간

확률은 조건이나 상황에 따라 다른 값을 갖는다. 이른바 "조건화 규칙"은 조건에 따라 확률값이 어떻게 달라져야 하는지를 알려준다. 하지만 사건의 일어남직함이 관계하는 조건과 명제의 믿음직함이 관계하는 조건은 다르다. 일어남직함은 존재 조건이나 존재 상황에 따라 달라지며 믿음직함은 인식 조건이나 인식 상황에 따라 달라진다. 물리학에서 존재 상황은 보통 초기 조건, 힘, 물리 법칙으로 규정된다. 주체의 인식 상황은 그가 무슨 증거 무슨 정보를 갖느냐에 따라 정해진다. 이 점에서 "인식 상황"을 "증거 상황"이나 "정보 상황"으로 달리 쓸 수 있다.

믿음직함의 주관성을 과장하려는 이들은 주체의 인식 상황을 다소 왜곡하여 그린다. 예컨대 그들은 "거짓 증거도 증거다"나 "거짓 정보도 정보다"고 가정한다. 당연히 주체의 믿음직함은 거짓 증거나 거짓 정보에 영향받을 수 있다. 이 때문에 우리는 잘 헤아린 믿음직함과 잘못 헤아린 믿음직함을 분간해야 한다. 심리학자는 잘못 헤아린 믿음직함에 더 큰 관심을 보인다. 하지만 철학자는 주로 잘 헤아린 믿음직함에 관심을 가지며 우리가 잘못 헤아린 믿음직함을 갖지 않도록 성찰한다.

사건의 일어남직함은 시간에 따라 달라진다. 왜냐하면 한 사건이 놓이는 존재 조건이나 상황은 시간에 따라 달라지기 때문이다. 시간 흐름에도 존재 상황이 바뀌지 않는다면 당연히 사건의 일어남직함은 바뀌지 않는다. 실제 상황에서는 시간에 따라 물리 조건이 매우 민감하게 바뀐다. 한편 주체가 갖는 명제의 믿음직함도 시간에 따라 달라진다. 왜냐하면 한 주체가 놓이는 인식 조건이나 상황이 시간에 따라 달라지기 때문이다. 시간 흐름에도 인식 상황이 바뀌지 않는다면 당연히 주체가 갖는 명제의 믿음직함도 바뀌지 않는다.

우리 몸이 놓인 물리 상황은 시간에 따라 민감하게 바뀌지만 우리가 놓인 인식 상황은 크게 바뀌지 않을 수 있다. 이 점은 믿음직함과 일어남직함의 중요한 차이다. 한 개별 사건은 특성 시간과 특정 공간에 따라 개별화되는 존재 항목이다. 하지만 명제는 특정 시간과 특정 공간에 따라 개별화되는 존재 항목이 아니다. 이 점에서 믿음직함이 시간에 따라 달라진다고 말하는 것은 오해를 낳기 일쑤다. 믿음직함은 시간에 따라 달라지기보다 다만 인식 상황에 따라 달라진다. 주체는 시간에 따라 새로운 사실, 증거, 정보를 얻을 수 있다. 하지만 시간이 흐르더라도 또는 과거로 되돌아가더라도 주체가 가진 사실, 증거, 정보가 바뀌지 않으면 그의 믿음직함은 바뀌지 않는다.

나아가 '시간'과 '공간' 개념 자체는 존재 상황에 더 어울리는 개념이다. 한편 주체는 때때로 자신이 놓인 인식 상황이나 정보 상황을 재구성한다. 수학 개념을 써서 달리 말하면 주체는 '확률 공간' 자체를 재설정한다. 이 경우 그 상황을 구성하는 명제들의 논리 관계들이 재조정된다. 이 때문에 특히나 믿음직함은 물리 시간보다는 인식 상황에 더욱 민감하다. 한편 물리학에 나오는 '거칠게 갈기' 같은 개념은 겉보기에 존재 상황을 재구성하는 것처럼 보이지만 사실은 정보 상황을 재구성하는 일에 더 가깝다.

0105. 불확실, 불확정, 미결정

한자어 "확률"에서 "확"과 관련된 두 개념이 있다. 하나는 "불확실성"이고 다른 하나는 "불확정성"이다. 불확실성은 탐구 주체나 추론 주체가 갖는 불확실성이다. 불확실성은 다시 '느낌 불확실성'과 '정보 불확실성'으로 나눌 수 있다. 한 개인이 정보를 제대로 파악하지 못하거나 정보를 잘못 판단할 때 그 개인에게 불확실성이 생긴다. '느낌 불확실성'은 개인이 갖는 이런 불확실성이다. 반면 동원할 수 있는 정보 자체가 명제의 참값이나 대상의 상태를 규정지을 수 없을 때 정보 불확실성이 생긴다.

불확실성은 인식 주체의 흐릿함이지만 불확정성은 실제 사물 자체가 갖는 흐릿함이다. 우리에게 불확실성이 있더라도 이것이 실제 사물이 불확정성을 가짐을 뜻하지 않는다. 양자역학의 한 이해에 따르면 물질은 때때로 불확정 상태에 있다. 만일 실제 사물이나 대상 자체가 불확정성을 갖는다면 이 불확정성은 불확실성과 구별되어야 한다. 이 불확정성은 객체의 불확정성이며 객관 불확정성이다. 반면 불확실성은 대체로 주체의 주관 불확실성이다. 이미 지적했듯이 '주관'과 '객관' 개념 자체가 흐릿하고 헷갈리기에 '인식'과 '존재' 개념을 쓰는 것이 낫겠다. "불확실성"은 '인식 불확실성'이고 "불확정성"은 '존재 불확정성'이다.

사건의 일어남직함은 대체로 존재 불확정성에서 비롯된다. 주체가 한 명제에 대해 갖는 믿음직함은 대체로 인식 불확실성에서 비롯된다. 당연히 존재 불확정성이 있다면 거기에 정보 부족이 없더라도 주체에게 믿음직함이 생길 수밖에 없다. 존재 불확정성이 없고 주체에 정보 부족이 없더라도 주체에게 믿음직함이 생길 수 있는가? 이 물음은 여전히 논쟁 가운데 있다. 내 생각에 정보 부족이 없고 존재 불확정성도 없다면 주체에게 0과 1 사이의 믿음직함이 생기기 어렵다. 많은 학자는 존재 불확정성이 없더라도 0과 1 사이의 일어남직함을 정의할 수 있다고들 말한다. 내 생각에 존재 불확정성이 없다면 0과 1 사이의 일어남직함은 정의될 수 없다.

"미결정성"은 얼핏 '불확정성'에 가까운 것 같다. 하지만 "결정됨"은 '사물의 존재 상태가 결정됨'을 뜻하기도 하고 '사물에 대한 주체의 인식 내용이 결정됨'을 뜻하기도 한다. 서양 철학 용어에서 "결정"은 '판단'이나 '명제'를 뜻할 때가 많은데 이는 뒤의 뜻을 따른 것이다. '사물의 존재 상태가 결정되지 않음'을 뜻하는 "미결정성"은 '불확정성'에 가깝다. '사물에 대한 주체의 인식 내용이 결정되지 않음'을 뜻하는 "미결정성"은 '불확실성'에 가깝다.

결정주의에 따르면 사물의 과거 상태는 사물의 현재와 미래 상태를 '결정'한다. 결정주의에서 '결정'은 인식 내용의 결정이 아니라 존재 상태의 결정이다. 내 생각에 결정주의가 성립하는 세계에서는 불확정성이 성립하기 어렵다. 하지만 결정주의가 성립하는 세계에서도 0과 1 사이의 일어남직함을 정의할 수 있다고 주장하는 이들이 많다. 나는 이들이 말하는 일어남직함이 사실은 믿음직함이라 생각한다. 결정주의가 성립하더라도 과거 상태의 불확실성이 우리에게 있기에 미래 상태의 불확실성이 생길 뿐이다.

불확실성과 불확정성은 각각 물리학에서도 매우 중요하다. 양자역학은 물질의 불확정성을 다룬다. 이 때문에 일어남직함은 양자역학의 핵심 주제다. 나아가 일어남직함은 양자역학에서 가장 중요한 '물리량'이다. 한편 물리학에서 엔트로피는 불확실성의 척도로 흔히들 이해된다. 통계역학은 개별 알갱이의 상태 또는 물리계의 미시 상태를 잘 모르는 인식 상황에서 물리계의 움직임을 추론한다. 이 통계역학에서 정의된 분포 엔트로피 또는 통계 엔트로피는 정보 불확실성의 척도일 수 있다.

우리가 가진 정보 또는 우리의 무지를 최대한 잘 반영하는 확률값을 찾는 기법이 있다. 이 기법에 따르면 정보 엔트로피를 최대화하는 확률값은 우리가 가진 무지를 최대한 잘 반영한다. 정보 엔트로피를 최대화하는 것은 우리가 가진 정보 불확실성을 최대화하는 것이다. 최대화되지 않은 정보 엔트로피는 잘못된 가정이나 부풀린 믿음을 탐구 대상에 억지로 부여했음을 뜻한다. 깁스 엔트로피나 정보 엔트로피를 최대화함으로써 볼츠만의 엔트로피 정의를 유도할 수 있다. 볼츠만 엔트로피는 미시 상태에 관한 우리의 정보, 무지, 불확실성을 최대한 반영하여 얻은 엔트로피다. 한편 만일 물리계의 미시 상태에 관한 정보를 우리가 완전히 가지면 물리계의 엔트로피는 0인가? 이 물음을 다루려면 엔트로피의 정의에 나오는 '확률'이 일어남직함인지 믿음직함인지 또는 단순히 여러 사건의 분포인지 잘 따져야 한다.

0106. 분포와 빈도

한때 한곳에서 10원짜리 동전 1,000개를 한꺼번에 던졌다. 이 첫째 실험에서 498개는 앞면이 나왔고 502개는 뒷면이 나왔다. 던진 뒤 동전의 모습은 앞면과 뒷면 가운데 하나다. 곧 동전 결과는 두 가지 모습으로 갈래질 수 있다. 이 실험에서 같은 10원짜리 동전 1,000개 가운데서 앞면 모습은 498개인 셈이고 뒷면 모습은 502개인 셈이다. 이 점에서 앞면 모습과 뒷면 모습은 '분포'를 갖는다.

전체 가운데 앞면 모습의 비율을 "앞면의 분포" 또는 "앞면의 분포율"이라 하겠다. 전체 가운데 뒷면 모습의 비율은 '뒷면의 분포' 또는 '뒷면의 분포율'이다. 이 실험에서 앞면의 분포는 498/1000이고 뒷면의 분포는 502/1000이다. 던지는 동전 개수를 아주 많게 하면 앞면의 분포와 뒷면의 분포는 각각 1/2에 가까이 갈 것 같다. 각 모습의 분포 꾸러미를 보통 "확률 분포"라 한다. 이처럼 우리는 '분포'나 '분포율'에 바탕을 두고 '확률'을 이해하곤 한다. 하지만 '분포'가 정의되려면 여러 사물 또는 여러 사건이 가정되어야 한다.

"분포"와 비슷한 낱말에는 "빈도", "빈도수", "도수"가 있다. 빈도는 대체로 시간 계열상의 분포다. 1,000개 동전을 한꺼번에 던지지 않고 같은 10원짜리 동전 하나를 던지되 모두

1,000번 던진다. 하나하나의 동전 던짐을 "시행"이라 하는데 이 실험에서는 1,000번 시행한 셈이다. 각 시행에서 똑같은 한 동전이 제각기 다른 때 다른 곳에서 앞면 모습 또는 뒷면 모습을 드러낸다. 이 둘째 실험에서도 1,000번 시행 가운데 앞면이 498번 나오고 뒷면이 502번 나왔다.

전체 시행 가운데 앞면 모습의 비율을 "앞면의 상대 빈도" 또는 "앞면의 빈도율"이라 하겠다. 전체 시행 가운데 뒷면 모습의 비율은 '뒷면의 상대 빈도' 또는 '뒷면의 빈도율'이다. 동전 던지는 시행 개수를 아주 많게 하면 앞면의 상대 빈도와 뒷면의 상대 빈도는 각각 1/2에 가까이 갈 것 같다. 우리는 '상대 빈도'나 '빈도율'에 바탕을 두고 '확률'을 이해하곤 한다. 하지만 '상대 빈도'가 정의되려면 여러 시행 또는 여러 사건이 가정되어야 한다.

분포나 빈도를 이야기할 때 "같은 동전 1,000개를 던짐"이나 "한 동전을 1,000번 던짐" 같은 사건 꾸러미를 미리 가정한다. "같은 동전 1,000개를 던짐"에서 "같은"은 '똑같은'이 아니라 '같은 갈래의' 또는 '같은 유형의'를 뜻한다. "한 동전을 1,000번 던짐"에서 "한"은 '똑같은'이지만 한 똑같은 동전을 다른 때 다른 곳에 던진다. 같은 갈래에 들어가는 아주 많은 사건의 꾸러미를 "앙상블"이라 한다. 1,000개 동전 한꺼번에 던지기 실험이든 한 동전 던지기 1,000번 시행 실험이든 우리는 이 실험에서 1,000개 사건의 앙상블을 얻는다. 이 앙상블의 사건은 이미 일어난 사건이거나 나중에 일어날 사건이다. 그 사건은 심지어 생각 안에서만 일어나는 가상의 사건이어도 된다.

앙상블 안에 사건들은 '앞면 모습'이나 '뒷면 모습'처럼 다시 작은 갈래로 갈래지을 수 있다. 이 모습들 곧 작은 갈래들은 앙상블 안에서 분포나 빈도를 갖는다. 이를 "앙상블 분포"라 한다. 동전 앙상블 또는 동전 던지기 앙상블에서 앞면 모습과 뒷면 모습은 각각 1/2 분포를 띨 것이다. 대체로 과학자들은 이러한 앙상블 분포에 바탕을 두고 확률을 정의한다. 하지만 이렇게 정의된 확률은 사건 갈래의 확률이지 한 사건의 확률이 아니다. 내 생각에 사건 갈래의 확률은 대체로 개별 사건에 관한 정보 손실에서 비롯된 믿음직함이다. 그것이 믿음직함이 아닌 경우가 있을 텐데 예컨대 사건 갈래 안의 각 사건이 아예 서로 구별되지 않는 경우다.

앙상블은 아주 많은 사건으로 이뤄진 사건 집합이다. 앙상블 안의 사건들은 사실상 제각기 다른 사건이다. 1,000개의 비슷한 동전들은 비슷한 존재 상황에 놓이지만 사실은 약간 다른 존재 상황에 놓인다. 각 상황에 따라 한 동전은 앞면

이 나오고 다른 동전은 뒷면이 나온다. 마찬가지로 1,000번 비슷한 시행들에서 똑같은 한 동전은 비슷한 존재 상황에 놓이지만 사실 각 시행에서 그 동전은 약간 다른 존재 상황에 놓인다. 각 상황에 따라 한 시행에서 그 동전은 앞면이 나오고 다른 시행에서 그 동전은 뒷면이 나온다. 이런 식으로 앞면과 뒷면의 분포가 생기고 빈도가 생긴다.

확률을 또렷이 이해하려 할 때 우리는 한 사건의 확률을 이야기하려는지 여러 사건의 분포나 빈도를 이야기하려는지 잘 가려야 한다. 많은 이들이 두 이야기를 섞는다. 둘을 섞음으로써 그들은 믿음직함을 일어남직함으로 잘못 이야기한다. 한 사건의 일어남직함은 그 사건이 한 존재 상황에 놓일 때 정의되는 값이다. 한 사건의 한 존재 상황이 고정되지 않으면 한 사건 자체가 규정되지 않는다. 더 정확히 말해 특정 시간 특정 공간의 존재 상황 덕분에 한 사건이 개별화된다. 나아가 우리는 상황의 인식 불확실성과 상황의 존재 불확정성을 잘 분간해야 한다. 한 동전이 놓인 초기 조건, 힘, 물리 법칙이 결정되면 그 동전은 앞면이 나오는가 뒷면이 나오는가? 여기에 불확정성이 있는가? 여기서 0과 1 사이의 일어남직함을 정의할 수 있는가?

0107. 필연, 우연, 가능

'가능성', '우연성', '필연성'은 전통 철학에서 매우 중요한 개념이다. 믿음직함과 일어남직함을 이해할 때도 이 개념이 때때로 쓰인다. 믿음직함에서 이 개념의 쓰임새는 단순하다. 우리는 한 명제를 필연명제와 우연명제로 나눈다. 필연명제는 반드시 참말^{항진명제}과 반드시 거짓말^{항위명제}로 나뉜다. 반드시 참말은 생각할 수 있는 모든 세계에서 참인 명제고 반드시 거짓말은 생각할 수 있는 모든 세계에서 거짓인 명제다. 우리가 이성을 써서 잘 헤아리면 한 명제가 필연명제인지 아닌지 가릴 수 있다. 반드시 참말의 믿음직함은 1이고 반드시 거짓말의 믿음직함은 0이다. 따라서 필연명제의 믿음직함은 0 또는 1이다. 우리는 헷갈려서 한 명제가 필연명제인지 아닌지 때때로 못 가린다. 하지만 일단 한 명제가 필연명제임을 알면 그 명제의 믿음직함은 0 또는 1이다.

우연명제는 필연명제가 아닌 명제다. 이는 다시 어쩌다 참말^{우연진실}과 어쩌다 거짓말^{우연허위}로 나뉜다. 어쩌다 참말은 우리 세계에서 참이지만 생각할 수 있는 다른 세계에서 거짓인 명제고 어쩌다 거짓말은 우리 세계에서 거짓이지만 생각할 수 있는 다른 세계에서 참인 명제다. 한 명제가 우연명제면 이 명제에 우리는 0과 1 사이의 믿음직함을 준다. 달리 말해 0과 1 사이 믿음직함은 우연명제에 매기는 믿음직함이다. 하지만 한 명제가 어쩌다 참말임을 알면 우리는 그 명제에 1의 믿음직함을 매겨야 한다. 또한 한 명제가 어쩌다 거짓임을 알면 우리는 그 명제에 0의 믿음직함을 매겨야 한다.

일어남직함에서 '가능성' '우연성' '필연성' 개념의 쓰임새는 약간 미묘하다. 우리는 사건을 필연사건, 우연사건, 가능사건으로 나눌 수 있다. 한 개별 사건이 필연사건이면 이 사건은 생각할 수 있는 모든 세계에서 적어도 한 번은 일어난다. 이 때문에 한 개별 사건이 필연사건이면 이 사건은 우리 세계에서 적어도 한 번은 일어난다. 하지만 필연사건은 때마다 일어나는 사건이 아니며 곳곳에서 일어나는 사건이 아니다. 이 점에서 한 사건이 필연사건이더라도 한때 한곳에서 그 사건의 일어남직함은 0과 1 사이 값을 지닐 수 있다. 한 사건이 모든 때 모든 곳에서 반드시 일어나는 필연사건이면 이 사건의 일어남직함은 언제나 어느 곳이든 1이다.

한 개별 사건이 가능사건이면 이 사건은 생각할 수 있는 한 세계에서 적어도 한 번은 일어난다. 모든 필연사건은 당연히 가능사건이다. 한 개별 사건이 가능사건이더라도 이 사건이 우리 세계에서 적어도 한 번은 일어난다고 볼 까닭은 없다. 우리 세계의 한때 한곳에서 한 가능사건의 일어남직함은 0과 1 사이 값을 지닐 수 있으며 심지어 0일 수도 있다. 우리 세계의 모든 때 모든 곳에서 이 사건의 일어남직함을 모두 더하더라도 그 값이 0일 수 있다. 하지만 한 가능사건의 일어남직함이 모든 세계에서 0일 수는 없다.

가능사건과 우연사건은 다른 사건인가? 일단 우연사건은 필연사건이 아니어야 한다. 가능사건과 달리 우연사건은 우리 세계에서 적어도 한 번은 일어난다. 한 개별 사건이 우연사건이면 이 사건은 필연사건이 아니지만 우리 세계에서 적어도 한 번은 일어나며 다른 세계에서 일어나기도 하고 안 일어나기도 한다. 모든 필연사건은 가능사건이지만 우연사건이지는 않다. 모든 우연사건은 당연히 가능사건이지만 모든 가능사건이 우연사건이지는 않다.

우리 세계의 한때 한곳에서 한 우연사건의 일어남직함은 0과 1 사이 값을 지닐 수 있다. 우리 세계에서 구한 한 사건의 일어남직함이 0보다 크면 이 사건은 우리 세계에서 적어도 한 번은 일어나는가? 그 사건은 한낱 가능사건인가 우연사건인가? 한 사건의 일어남직함이 0보다 크더라도 일어남직함의 값만으로는 그 사건이 우연사건인지 가능사건인지 가릴 수는 없다. 한 사건이 한낱 가능사건이 아니라 우연사건임을 그 사건이 일어나기에 앞서 알아볼 수 있는가? 우리 세계에서 아예 일어나지 않을 수 있는 한 가능사건에 0과 1 사이의 일어남직함을 주는 것은 정확히 무엇을 뜻하는가?

02. 믿음직함

믿음직함은 명제에 매기는 확률이다. 믿음직함을 이야기하기 앞서 명제 개념을 튼튼하게 세워야 한다. 명제는 존재를 구성하는 항목이라기보다 인식을 설명하는 항목이다. 우리가 명제를 상정해야 하는 상황은 마음 현상의 해석 상황에서다. 마음 현상을 물질 현상으로 되돌리지 않으려면 명제를 물질화하지 말아야 한다. 일단 명제 개념이 세워지면 이 개념 위에서 믿음직함의 공리를 세운다. 그다음 믿음직함의 공리를 따르는 '헤아린 믿음직함'에 우리 관심을 집중한다. 남은 일은 믿음직함을 매길 인식 상황을 규정하는 일이다. 인식 상황을 규정한 뒤 무차별 원리를 써서 몇몇 명제에 믿음직함을 매긴다. 이 장에서는 이 같은 내용을 다룰 것이다.

0201. 믿음의 물질화

물리 관점에서 볼 때 믿음은 신경생리 사건이다. 자연과학 방법으로 믿음을 연구하는 이들은 당연히 믿음을 신경생리 사건으로서 여겨야 한다. 자연과학 방법은 믿음과 믿음 아닌 것을 무슨 기준으로 가리는가? 둘은 물리 속성 차원에서 무슨 차이가 나는가? 측정장치를 써서 믿음을 관측할 수 있다는 말을 나는 들어본 적이 없다. 자연과학 방법으로 믿음을 관측한다고 주장하는 상황들을 잘 살펴보면 거기에는 언제나 행위자의 발화나 의도 행위가 있다. 믿음은 오직 행위자의 의도 행위를 해석자가 해석할 때만 나타난다.

의도 행위가 없는 곳에 믿음을 부여하는 일은 일종의 애니미즘이다. 태풍 현상을 설명하려고 구름과 바람과 비에 믿음을 주는 일은 올바른 과학 방법이 아니다. 개미의 움직임을 설명하려고 개미에게 믿음을 주는 일은 올바른 동물행동 연구가 아니다. 이런저런 신경회로, 신경전달물질, 호르몬을 도입함으로써 개미의 움직임을 설명하는 것이 올바른 동물행동학이다.

사람이 이런저런 방식으로 몸을 움직였다면 우리는 그 움직임을 두 가지 방법으로 연구할 수 있다. 하나는 행동주의 연구 방법이다. 이 방법에 따르면 그 움직임은 모종의 내부 및 외부 물리 자극 때문에 야기된 물리 움직임이다. 행동주의 연구는 근본 차원에서 측정의 방법으로 몸의 움직임을 연구한다. 다른 하나는 결심이론 같은 행위이론을 써서 연구하는 방법이다. 이 방법에 따르면 그 움직임은 모종의 이유가 일으킨 움직임이다. "이유"까닭와 비슷한 낱말에는 "동기"나 "의도" 따위가 있다.

이유가 일으킨 움직임을 흔히 "행위" 또는 "의도 행위"라 한다. 행위의 이유로 가장 많이 이야기되는 것은 믿음과 바람이다. 행위이론은 행위자에게 믿음과 바람을 준 뒤에 바로 그 믿음과 바람 때문에 그러한 행위가 야기되었다고 설명한다. 움직이는 사건을 이와 같은 방식으로 설명하는 것을 "이유 설명"이라 하는데 이유 설명은 인과 설명 가운데 하나다. 한 움직이는 사건을 의도 행위로 기술하려면 반드시 이유 설명으로 그 사건을 설명해야 한다.

믿음과 바람을 그냥 신경생리 사건으로만 여기는 일은 행위의 이유를 없애는 일이다. 왜냐하면 신경생리 사건은 행위의 원인일 수는 있지만 행위의 이유일 수는 없기 때문이다. 한갓 신경생리 사건이 야기한 한 움직임을 의도 행위로 여길 까닭은 없다. 당연히 실제 세계에 실현된 한 믿음 사건은 물리 측면을 지닌 채 구현된다. 실현의 차원에서 보면 한 믿음 사건은 물리 측면을 갖는다. 한 사람이 한 믿음을 가질 때 그는 특정 신경생리 상태를 갖는다. 하지만 그 신경생리 상태가 믿음의 내용을 특징지을 수는 없다. 믿음 사건을 물리 측면만 지닌 사건으로 기술할 때 그 사건은 믿음 사건으로 드러나지 않는다.

행위자가 이런저런 믿음들과 바람들 때문에 행위한다고 가정하는 이들은 믿음과 바람을 '명제 태도'로 여긴다. 그들은 믿음을 행위자와 명제 사이의 특수한 지향 관계로 이해한다. 명제 태도가 무엇인지 설명하기는 쉽지 않다. 이를 애써 설명하려고 행위자의 명제 태도를 물체의 물리량에 견주어 보겠다. 자연과학자들은 물체의 움직임을 설명하려고 물체가 질량, 에너지, 위치, 운동량 따위를 갖는다고 가정한다. 그들은 이 물리량들이 잘 짜인 값을 지니도록 '수'와 '단위'를 상정한다.

우리는 측정 과정을 거쳐 인식 "이것은 3킬로그램이다"를 얻는다. 수 '3'과 단위 '킬로그램'은 측정이론의 상정물이다. 수와 단위는 존재 세계를 구성하기보다 인식 내용을 체계화하는 데 쓰인다. 특히 측정의 방법으로 자연을 인식한 내용을 체계화한다. 물체는 다른 물체 및 주변과 물리 관계를 맺는데 단위는 이 관계의 특수한 방식을 표현한다. '미터', '초', '킬로그램' 따위는 물체가 세계와 관계 맺는 방식을 제각기 다르게 표현한다. 수는 그 관계의 세기나 크기를 대소 관계와 비율 관계로 구조화한다.

측정의 방법과 구별되는 인식 방법이 있는데 그것이 바로 해석이다. 우리는 해석 과정을 거쳐 인식 "그는 '지금 비 온다'를 믿는다"를 얻는다. 명제 "지금 비 온다"와 태도 '믿음'은 해석이론의 상정물이다. 누군가 측정 과정을 거쳐서도 명제가 상정된다고 말할지 모르겠다. 보기를 들어 측정 과정을 거쳐 명제 "이것은 3킬로그램이다"가 인식된다. 하지만 명제 개념 자체를 상정하는 일은 측정의 임무가 아니다. 믿음을 갖지 못하는 이는 아예 측정할 수 없고 알 수 없다. 그는 과학자일 수 없고 더구나 자연과학자일 수 없다. 자연과학자는 무엇보다 먼저 믿음을 가지는 이여야 한다. '명제' 개념 자체를 상정하는 일은 측정의 임무가 아니라 해석의 임무다. 명제 자체가 일단 상정되면 명제들의 맥락 안에서 '수'든 '집합'이든 뜻을 갖는다.

인문사회과학자들은 행위자의 움직임을 설명하려고 행위자가 믿음과 바람을 갖는다고 가정한다. 그들은 이 마음 속성이 잘 짜인 값을 지니도록 '명제'와 '태도'를 상정한다. 수 및 단위와 마찬가지로 명제와 태도는 존재 세계를 구성하지 않는다. 이것들은 해석의 방법으로 사람과 사회를 인식한 내용을 체계화하는 데 쓰인다. 행위자는 다른 행위자 및 주변과 마음씀의 관계를 맺는데 태도는 이 관계의 특수한 방식을 표현한다. '믿음'과 '바람'은 행위자가 세계와 관계 맺는 방식을 제각기 다르게 표현한다. 명제는 그 관계의 내용을 논리 관계로 구조화한다.

많은 형이상학자가 명제를 마음의 시공간 또는 제3의 영역에 존재화 또는 실물화하려 애썼다. 이는 프레게, 러셀, 포퍼 등 초기 분석철학자뿐만 아니라 몇몇 현상학자들도 애썼던 바다. 명제를 실물화하려는 꿈을 제대로 구현한 이론가는 아직 아무도 없다. 내 생각에 이 꿈은 거의 가망이 없다. 이는 수나 집합을 실물화하려는 꿈이 실패한 것에 비길 수 있다. 명제는 존재 세계를 구성하는 항목이 아니라 인식 현상을 설명하려고 도입한 이성의 상정물이다. "명제 P가 어딘가 있다"는 말은 "명제 P는 참 또는 거짓이다"는 말일 뿐이다. "그는 명제 P를 새로 찾았다"는 말은 "그는 마침내 P임을 알게 되었다"는 말일 뿐이다. 우리는 지금 아는 것이 있다. 우리가 아직 모르는 것이 있다. 우리 앎은 차츰 늘어난다. 우리의 이런 인식 현상들을 이야기하려고 우리는 명제를 운운한다.

많은 학자가 명제 태도로서 믿음을 신경생리 상태나 그

런 상태의 기능역할으로 이해한다. 이는 곧 명제를 신경생리 상태나 그런 상태의 기능으로 이해하는 일이다. 이것은 가장 잘못되고 가장 나쁘게 명제를 이해하는 방식이다. 명제 개념 없이 믿음을 이해하려고 애쓰자마자 그는 믿음을 신경생리 상태나 그런 상태의 기능으로 이해할 것이다. 믿음을 실물화하거나 물질화하는 일은 인식론을 자연과학 탐구로 바꾸는 일이며 인식론 자체를 포기하는 일이다.

우리는 인문사회과학 연구로서 심리학과 자연과학 연구로서 심리학을 구별해야 한다. 당연히 자연과학 연구로서 심리학은 사람의 믿음과 바람을 몸 움직임, 살갗 움직임표정, 몸 안의 신경생리 사건으로 바꾸어 이해해야 한다. 하지만 이런 심리학 연구는 인식론 탐구를 대신할 수 없다. 심리학은 자연과학 방법으로 개별 수학자의 천재성을 설명할 수 있지만 심리학이 수학의 구조와 내용을 설명하지는 못한다. 수나 집합을 물질화하고 신경생리 사건화할 때 학문으로서 수학의 객관성은 사라진다. 정통 수학자들은 수나 집합을 물질화하지 않는다. 그들은 오직 공리나 정의 같은 명제 안에서 수나 집합을 이해할 뿐이다.

마찬가지로 과학의 구조와 내용을 이해하려는 과학철학자는 과학의 뭇 명제를 물질화하지 않는다. 과학의 명제들을 두뇌 안 신경생리 사건으로 물질화한다면 과학의 객관성은 무너진다. 쿼크와 렙톤이 존재 세계를 이룬다고 믿는 물리학자조차도 자신들의 물리학 명제들을 물질화하지 않는다. 과학자가 아니라 누구라도 자신이 참이라 굳게 믿는 명제를 자기 머릿속 한낱 신경생리 작용으로 여기지는 않는다. 심리학자든 생물학자든 물리학자든 수학자든 철학자든 인식론의 주제를 탐구하려면 그는 명제 자체를 실물화하지 않아야 하며 더구나 물질화하지 않아야 한다.

0202. 해석이론

한 의도 행위로부터 행위자의 믿음과 바람을 해석하는 일은 쉬운 과제가 아니다. 믿음과 바람 가운데 하나를 고정하면 상당히 쉬운 과제로 바뀐다. 말하기 행위에서는 바람이 하는 역할이 때때로 최소화된다. 우리가 "오늘 날씨가 맑다"고 말하면 이것은 때때로 "너와 함께 소풍을 간다"는 바람을 드러내기도 하지만 대체로 그냥 자신이 믿는 바대로 무심코 말한 것이다. 이 점에서 처음의 해석이론은 말 행위의 해석에서 출발하는 것이 낫겠다. 이 출발점에서는 말하는 이의 바람이 행위의 이유가 되지 않는다고 일단 가정한다. 믿음만이 행위의 이유가 되면 해석자는 행위자의 믿음 내용을 손쉽게 드러낼 수 있다. 실제로 우리가 명제를 상정하는 가장 흔한 상황은 말 행위를 설명하는 상황이다.

말 행위는 생각, 말, 앎을 직접 나타내는 행위다. 말 행위는 목소리 내어 말하기, 글을 써 말하기, 손짓 눈깜박임 같은 몸짓으로 말하기 등 여러 가지다. 이들 가운데 가장 많이 쓰는 것은 기재와 발화. 기재는 돌 쇠 나무 종이 따위에 무늬를 새겨 생각을 나타내는 일이다. 발화는 공기에 소릿결을 일으켜 생각을 나타내는 일이다. 누군가 "잇츠 레이닝"이라 말했는데 우리는 이 말이 무슨 뜻인지 모른다. 해석, 뜻풀이,

뜻헤아림은 이 뜻을 알아내려는 인식 과정이다. 발화자의 언어에 관한 아무런 사전 지식 없이 그의 말 행위를 해석하는 일을 "래디컬 해석"이라 한다. 여기서 "래디컬"을 우리나라에서는 대체로 "원초"로 옮긴다. 나는 "원초 해석"을 본뜻이 잘 드러나도록 "맨땅에 해석"이나 "맨 처음 해석"이라 하겠다.

도널드 데이빗슨[1917-2003]은 맨땅에 해석 방법으로 언어철학의 핵심 물음을 풀려 했다. 다른 누가 가르쳐 주지 않아도 우리가 발화자와 함께 지내다 보면 얼마 되지 않아 그의 말 "잇츠 레이닝"을 우리의 말 "지금 비 온다"로 해석한다. 사실 이것은 매우 놀라운 현상이다. 데이빗슨은 이 놀라운 현상을 제대로 설명하는 의미이론이 올바른 해석이론이라 보았다. 그는 이를 설명하는 이론을 나름대로 찾음으로써 언어철학, 심리철학, 존재론, 인식론 연구에 혁신을 가져왔다. 그의 이 혁신은 아직도 충분히 음미되지 않았다.

발화 행위를 해석할 때 우리는 문장 발화에 먼저 주목해야 한다. 맨땅에 해석에서는 상대방의 발화를 일단 문장 발화로 여긴다. 명제는 정의상 문장의 뜻이기에 문장 발화를 해석하자마자 명제 자체가 상정된다. 우리는 무엇보다 가장 먼저 문장 발화 "예스"와 "노"를 제대로 해석해야 한다. 우리는 이내 "예스"를 "응"으로 해석하고 "노"를 "아니"로 해석한다.

우리에게 발화 "응"은 "그 문장은 참이다"를 뜻하며 발화 "아니"는 "그 문장은 거짓이다"를 뜻한다. 우리는 문장에 "참이다"나 "거짓이다"를 붙임으로써 문장에 뜻을 준다. 해석자와 발화자에게 '참'과 '거짓'은 바탕 개념이며 이 바탕 위에서 해석이 이뤄지고 명제가 상정된다.

발화자가 "잇츠 레이닝"을 말하는 상황에서 맨땅에 해석자는 자신이 믿는 바를 곧장 떠올린다. 그 상황에서 해석자는 여러 가지를 믿는데 그 가운데 하나가 명제 "지금 비 온다"다. 일단 명제 "지금 비 온다"가 상정되면 해석자는 발화자에게 명제 "지금 비 온다"를 믿는 태도를 부여한다. 발화 "잇츠 레이닝"에 곧바로 뜻 "지금 비 온다"를 주기는 어렵다. 하지만 여러 다른 상황에서 발화자와 함께 지내면서 그의 말뜻을 차츰 더 잘 헤아릴 수 있다. 발화자의 "예스"와 "노"를 바탕으로 그의 말 "잇츠 레이닝"이 해석자의 잠정 해석 "지금 비 온다"를 뜻하는지 다른 여러 상황에서 검사할 수 있다.

해석자가 발화자에게 "지금 비 온다"를 믿는 태도를 부여하는 까닭은 해석자 자신이 "지금 비 온다"를 거의 100% 믿기 때문이다. 이처럼 맨 처음 해석에서는 바람의 요소를 무시하고 믿음직함의 요소도 무시한다. 이렇게 해석자와 발화자는 해석 과정 가운데서는 명제들의 체계를 공유한다. 하지만 해석이 깊어지면 해석자는 행위자가 어중간하게 믿는 것과 그가 바라는 것을 함께 고려하여 그의 행위를 해석해야 한다. 행위자가 한 명제를 어중간하게 믿을 때 0과 1 사이 믿음 세기를 상정해야 한다. '믿음직함'은 바로 이 믿음의 세기를 나타낸다. 행위자가 한 명제를 어중간하게 바랄 때 해석자는 바람직함을 상정해야 한다.

프랭크 플럼프턴 램지[1903-1930], 브루노 데 피네티[1906-1985], 레너드 지미 새비지[1917-1971]는 행위들을 바탕으로 믿음직함을 매기는 이론 체계를 만드는 데 크게 기여했다. 램지는 1926년 논문 「참과 확률」에서 확률을 객관 값으로 여기는 견해에 반대했다. 그는 토머스 베이즈[1702-1761]의 확률 개념을 적극 수용하여 확률을 개인이 가진 앎에 따라 매겨야 한다고 주장했다. 램지는 개인의 선호 행위들 안에 그 개인의 믿음직함이 드러난다고 보았다. 데 피네티도 램지와 비슷한 생각을 1937년 논문 「예측: 그 논리 법칙과 주관 원천」에 발표했다. 존 폰 노이만[1903-1957] 너이먼 야노시 러요시과 오스카르 모르겐슈테른[1902-1977]이 1944년 책 『게임이론과 경제 행동』에서 램지의 접근 방식을 채택함으로써 이 접근이 주목받기 시작했다. 마침내 새비지는 선호 행위들의 짜임으로부터 믿음직함 함수와 바람직함 함수를 도출하는 방법을 1954년 책 『통계학 기초』에서 엄밀한 공리체계로 정식화했다.

　　　던진 동전이 앞면이 나오면 1만 원을 받고 뒷면이 나오면 0원을 받는 내기에 참여할지 말지를 행위자에게 묻는다. 이 내기에 참여하는 비용이 있는데 행위자는 내기에 무한히 참여할 수 있고 그에게 무한히 많은 시간이 있다. 그는 내기하는 데 시간 쓰거나 다른 일에 시간 쓰는 데 무관심하다. 이 상황에서 그가 오직 바라는 것은 돈을 더 얻는 것이다. 만일 이 행위자가 내기 참가비가 5000원 미만일 때 참가하고 5000원 이상일 때 참가하지 않는다면 그 행위자는 동전이 앞면이 나오리라 1/2만큼 믿는다고 해석할 수 있다. 이렇게 하여 내기들, 선택들, 선호들, 행위들의 짜임을 바탕으로 여러 믿음의 믿음직함을 짜임새 있게 매길 수 있다.

0203. 믿음과 명제

"나는 하느님을 믿는다"는 "나는 '하느님이 있다'를 믿는다"를 뜻하거나 "나는 '하느님이 가장 좋은 마음이다'를 믿는다"를 뜻한다. "나는 돈을 믿는다"는 "나는 '돈은 삶에 큰 도움이 된다'를 믿는다"나 "나는 '돈은 다른 무엇보다 더 중요하다'를 믿는다"를 뜻한다. "나는 기적을 믿는다"는 "나는 '기적 사건은 때때로 일어난다'를 믿는다"를 뜻한다. 이처럼 사건을 믿건 물건을 믿건 우리가 믿는 것은 그 사건과 물건에 관한 어느 한 명제다.

믿음의 대상이 왜 문장이 아니고 명제인가? 그것은 뜻 없는 문장에 믿음직함을 매기는 일 자체가 거의 불가능하기 때문이다. 뜻 없는 문장을 믿는 것은 이론의 그물망에 아예 잡히지 않는다. 다만 한 문장을 믿고 그 믿음에 믿음직함을 주는 과정에서 그 문장의 뜻이 차츰 또렷해진다. 문장에 믿음직함을 매기는 일 자체가 해석 과정의 일부며 문장에 뜻을 주는 일이다. 이 때문에 해석 과정에서 해석자는 문장 발화든 문장 기재든 그 문장이 명제를 표현한다고 일단 가정한다.

"나는 명제 X를 믿는다"는 "나는 명제 X를 참인 명제로 여긴다"를 짧게 쓴 말이다. 이처럼 믿음은 명제를 참이라 여기는 마음가짐이다. 마음 상태로서 믿음은 참인 명제와 거짓인 명제를 가리기 어려운 우리 마음의 상태를 나타낸다. 한편 앎은 믿음직함이 100%인 믿음이다. 앎에 미치지 못하는 믿음이 있기에 0과 1 사이 믿음직함 자체가 정의될 수 있다. 하지만 믿음과 믿는 일은 조롱거리가 되어서는 안 되고 과학과 아예 무관하다고 생각해서도 안 된다. 우리는 믿음을 아무렇게나 믿지 않는다. 헤아려 가며 어떤 것은 믿고 어떤 것은 믿지 않는다. 헤아려 믿으려면 매우 미더운 명제, 덜 미더운 명제, 거의 미덥지 못한 명제를 잘 가려야 한다. 믿음직함은 이를 가늠하는 척도다. 이 척도는 명제와 명제의 논리 관계에 바탕을 두어야 한다.

만일 내가 "경은은 어제 강에서 즐겁게 산책했다"를 믿으면 나는 "경은은 어제 산책했다"도 믿는다. 우리는 한 믿음과 다른 믿음의 논리 관계를 반영하여 그 믿음에 믿음직함을 매긴다. "경은은 어제 강에서 즐겁게 산책했다"보다는 "경은은 어제 산책했다"가 더 믿음직하다. 이처럼 P로부터 Q가 반드시 따라 나온다면 우리는 명제 P보다 명제 Q를 더 굳게 믿어야 한다. 이를 따르지 않는 믿음직함은 너무 야릇해서 그것을 믿음직함으로 여길 수조차 없다. 만일 믿음직함을 매기는 대상이 명제가 아니면 믿음직함의 이 직관을 반영하기 어렵다.

명제를 구성하는 두 요소가 있다. 하나는 명제와 바깥의 관계 곧 세계와 관련성이다. 다른 하나는 명제와 명제의 내부 관계 곧 논리 관계다. 사건과 사건은 인과관계를 맺을 수 있지만 논리 관계를 맺지 못한다. 이 때문에 사건은 믿음과 믿음직함의 대상이 되기 어렵다. 반면 명제는 논리 관계를 추적하는 데 매우 알맞은 상정물이다. 맨땅에 해석 과정에서 문장들 사이의 논리 관계 덕분에 문장의 뜻이 더 잘 드러난다. 우리는 발화된 문장들 사이의 논리 관계를 잘 반영하도록 문장들을 해석하여 문장들에 뜻을 준다. 이런 식으로 문장들의 뜻이 드러나고 명제들이 상정된다. 이것이 내가 믿음직함을 명제의 확률로 정의했던 까닭이다.

명제에 믿음직함을 매기기에 앞서 명제에 관한 몇 가지 공리를 먼저 세우겠다. 한 문장이 뜻을 갖는다면 그 문장은 한 명제를 표현한다. 이미 말했듯이 '명제'는 '문장이 가진 뜻' 곧 '문장의 뜻'이다. "문장 X는 명제를 표현한다"를 그냥 "문장 X는 명제다"라고 짧게 말하곤 한다. 우리는 문장과 명제의 관계에 관한 다음 공리를 받아들인다. 이를 "공리 P"라 하겠다.

> 공리 P: 문장 X가 참이면 문장 X는 명제다. 문장 X가 거짓이면 문장 X는 명제다. 문장 X가 명제면 문장 X는 참이거나 문장 X는 거짓이다.

우리는 공리 P와 추론 규칙을 써서 다음을 추론할 수 있다. 이를 으뜸 정리로 삼고 T00이라 하겠다. 그다음 정리들은 T01, T02, T03 따위로 쓰겠다.

> T00: 만일 문장 X와 Y가 둘 다 명제면, 문장 "X는 참이다", 문장 "X는 거짓이다", 문장 "X이고 Y", 문장 "X이거나 Y", 문장 "X이면 Y"도 명제다.

한 명제에 "는 참이다"나 "는 거짓이다"를 붙인 것은 명제고 명제들을 "이고" "이거나" "이면"으로 이은 것도 명제다.

0204. 믿음직함의 공리

명제를 믿는 주체는 이성에 따라 그 명제의 믿음직함을 셈한다. 우리가 '믿음', '참', '앎'의 개념을 제대로 이해했다면 참임을 아는 명제에 가장 높은 믿음직함을 주어야 한다. 우리가 제대로 헤아리고 올바르게 마음 쓴다면 그렇게 하지 않을 수가 없다. 하지만 가장 작은 값과 가장 큰 값을 무엇으로 할지는 순전히 우리의 약속이다. 많은 이가 하듯이 우리도 가장 낮은 값을 0으로 잡고 가장 큰 값을 1로 잡는다. 이 값을 다르게 하더라도 달라질 것은 거의 없다.

우리는 믿음직함의 공리들을 다음과 같이 세운다. 이를 "공리 C"라 하겠다.

C01. 한 명제의 믿음직함은 0부터 1까지 값을 갖는다.

C02. 참임을 이미 아는 명제의 믿음직함은 1이고 믿음직함이 1인 명제는 참임을 이미 아는 명제다.

C03. 두 명제가 서로 따라 나옴을 알면 두 명제의 믿음직함은 같다.

C04. 두 명제 X와 Y가 함께 참일 수 없음을 알면 'X이거나 Y'의 믿음직함은 X의 믿음직함과 Y의 믿음직함을 더한 값과 같다.

이들 공리를 흔히 "콜모고로프 공리"라 한다. 두 명제가 서로 따라 나오면 두 명제는 뜻이 같다고 말하곤 한다. 엄격히 말해 두 명제가 서로 따라 나오더라도 두 명제의 뜻은 다를 수 있다. 하지만 당분간 두 명제가 서로 따라 나오면 두 명제는 뜻이 같다고 가정한다. 논리 차원에서 뜻이 똑같은 두 명제를 "논리 동치"라 한다. 두 명제가 서로 따라 나오면 둘은 논리 동치고 둘이 논리 동치면 둘은 서로 따라 나온다.

명제 X의 믿음직함을 짧게 C(X)라 쓰겠다. 나중에 사건 e의 일어남직함을 CH(e)라 쓸 텐데 일어남직함과 또렷이 구별해야 할 때는 명제 X의 믿음직함을 CR(X)라 쓰겠다. 별말 없이 C(X)를 쓰면 이것은 믿음직함 함수다. 이들 공리를 써서 몇 가지 정리를 이끌어낼 수 있다.

T01. C(X는 거짓이다) = 1 − C(X)

T02. X가 거짓임을 알 때 오직 그때만 반드시 C(X) = 0.

T03. X로부터 Y가 따라 나옴을 알면 반드시 C(X) ≤ C(Y).
    등호는 X와 Y가 뜻이 같을 때다.

T04. C(X이거나 Y) = C(X) + C(Y) − C(X이고 Y)

이들을 하나씩 증명할 텐데 정리에 나오는 표현 X와 Y는 명제다.

C(X) + C(X는 거짓이다)가 1임을 증명하면 정리 T01이 증명된다. 정리 T00에 따르면 "X이거나 X는 거짓이다"는 명제다. 명제 "X이거나 X는 거짓이다"는 반드시 참말인데 우리는 이것이 참임을 이미 안다. 공리 C02에 따라 C(X이거나 X는 거짓이다)는 1이다. 한편 X와 "X는 거짓이다"는 함께 참일 수 없다. 공리 C04를 써서 1 = C(X이거나 X는 거짓이다) = C(X) + C(X는 거짓이다). 따라서 C(X는 거짓이다) = 1 − C(X).

정리 T02가 말하는 바는 "거짓임을 아는 명제의 믿음직함은 0이고 믿음직함이 0인 명제는 거짓임을 안다"다. 명제 "P일 때 오직 그때만 반드시 Q"는 "P로부터 Q가 따라 나오고 Q로부터 P가 따라 나온다"를 뜻한다. 정리 T02를 증명하려면 다음 둘을 증명해야 한다. (i) "X가 거짓임을 안다"로부터 "C(X) = 0"이 따라 나온다. (ii) "C(X) = 0"으로부터 "X가 거짓임을 안다"가 따라 나온다. 먼저 (i)을 증명한다. 우리는 X가 거짓임을 알기에 "X는 거짓이다"가 참임을 안다. 공리 C02에 따라 C(X는 거짓이다)는 1이다. 정리 T01에 따라 C(X는 거짓이다) = 1 − C(X)이다. 결국 C(X) = 1 − C(X는 거짓이다) = 1 − 1 = 0. 곧 만일 X가 거짓임을 알면 C(X)는 0이다. 그다음 (ii)를 증명한다. 만일 C(X)가 0이면 C(X는 거짓이다) = 1 − C(X) = 1. C(X는 거짓이다)는 1이기에 공리 C02에 따라 "X는 거짓이다"는 참이다. 결국 C(X)가 0이면 우리는 "X는 거짓이다"는 참임을 추론할 수 있고 우리는 X가 거짓임을 안다.

정리 T03이 말하는 바는 "명제 X로부터 명제 Y가 따라 나옴을 안다면 C(Y)는 C(X)보다 크거나 같다"다. 증명이 조금 길어지니 "는 거짓이다", "이고", "이거나"를 각각 짧게 말꼴로 ∼, &, ∨로 나타낸다. 먼저 다음을 증명한다: X로부터 Y가 따라 나오면 X와 X&Y는 서로 따라 나오며 서로 논리 동치다. (i) X로부터 X가 따라 나오고 X로부터 Y도 따라 나온다. X로부터 X와 Y가 따라 나오기에 X로부터 X&Y가 따라 나온다. (ii) 당연히 X&Y로부터 X가 따라 나온다. (i)과 (ii)로부터 X와 X&Y는 서로 따라 나오며 이들은 논리 동치다. 공리 C03에 따라 C(X) = C(X&Y) = C(Y&X).

명제 T_0가 반드시 참말이면 Y와 Y&T_0는 서로 따라 나오며 서로 논리 동치다. X∨∼X는 반드시 참말이기에 Y와 Y&'X∨∼X'는 논리 동치다. Y&'X∨∼X'는 다시 'Y&X'∨'Y&∼X'와 논리 동치다. 공리 C03을 써서

C(Y) = C(Y&'X∨∼X') = C('Y&X'∨'Y&∼X')

한편 명제 Y&X와 명제 Y&∼X는 함께 참일 수 없다. 공리 C04를 써서

$$C(`Y\&X` \vee `Y\&\sim X`) = C(Y\&X) + C(Y\&\sim X)$$

앞에서 C(Y&X) = C(X)라 했기에

$$C(Y) = C(X) + C(Y\&\sim X)$$

를 얻는다. 믿음직함 C(Y&~X)는 0이거나 0보다 크다. 이를 보건대 C(Y)는 C(X)보다 크거나 같다. 따라서 우리가 'X로부터 Y가 따라 나온다'가 참임을 알면 우리에게 C(Y) ≥ C(X)다.

전제로부터 추론된 결론의 믿음직함은 전제의 믿음직함보다 크거나 같다. 달리 말해 반드시 추론으로 얻은 명제의 믿음직함은 바뀌지 않거나 더 커진다. 정리 T03에서 등호는 언제 성립하는가? 그것은 C(Y&~X)가 0일 때다. 이때는 정리 T02에 따라 우리가 Y&~X가 거짓임을 아는 때다. "'Y&~X'가 거짓이다"는 "'Y가 거짓이거나 X'는 참이다"를 뜻한다. 이는 곧 "Y이면 X"를 뜻한다. 따라서 "'Y&~X'가 거짓임을 아는 때"는 "'Y이면 X'가 참임을 아는 때"다. 누군가 "Y이면 X"가 참임을 우리에게 알려준다면 우리는 "Y이면 X"가 참임을 안다. 하지만 그런 경우가 아니라면 "Y이면 X"가 반드시 참일 때 우리는 "Y이면 X"가 참임을 안다. "'Y이면 X'가 반드시 참일 때"는 곧 "Y로부터 X가 반드시 따라 나오는 때"다. X와 Y가 서로 따라 나올 때는 당연히 C(Y)와 C(X)는 같다. 아무튼 정리 T03의 등호가 성립하는 때는 "'Y이면 X'가 참임을 아는 때" 또는 "Y로부터 X가 반드시 따라 나오는 때"다.

이제 정리 T04를 증명하겠다. 명제 X, Y, X∨Y는 각각 다음과 같이 바꿔 쓸 수 있다.

$$X \equiv X\&`Y \vee \sim Y` \equiv `X\&Y` \vee `X\& \sim Y`$$

$$Y \equiv `X \vee \sim X`\&Y \equiv `X\&Y` \vee `\sim X\&Y`$$

$$X \vee Y \equiv `X\&Y` \vee `X\& \sim Y` \vee `\sim X\&Y`$$

여기서 세겹줄꼴 ≡은 왼쪽 명제와 오른쪽 명제가 논리 동치임을 뜻한다. 한편 명제 X&Y, X&~Y, ~X&Y는 함께 참일 수 없고 둘씩 짝지어도 함께 참일 수 없다. 공리 C04를 써서 다음 세 등식을 얻는다.

$$C(X \vee Y) = C(X\&Y) + C(X\& \sim Y) + C(\sim X\&Y)$$

$$C(X\&Y) + C(X\& \sim Y) = C(X)$$

$$C(X\&Y) + C(\sim X\&Y) = C(Y)$$

세 식의 왼쪽을 모두 더한 것과 오른쪽을 모두 더한 것은 같아야 한다. 이로부터 $C(X \vee Y) = C(X) + C(Y) - C(X\&Y)$를 얻는다.

0205. 헤아린 믿음직함

자연과학자는 믿음 상태를 몸의 신경생리 상태로 여기고 이 상태에 믿음직함을 매기는 이론을 고안할 수 있다. 나아가 믿음을 명제 태도가 아닌 상태로 정의한 뒤 여기에 믿음직함을 매기는 이론을 고안할 수 있다. 이 책에서는 이런 식으로 고안된 믿음직함 이론을 다루지 않으려 한다. 인정해야 할 분명한 사실은 명제 태도가 몸의 신경생리 상태에 크게 영향받는다는 점이다. 믿음은 몸 상태, 기분, 감정, 느낌, 컨디션, 건강, 질병 따위에 크게 영향받는다. 이 영향이 시시각각 미치더라도 우리는 잘 헤아려 믿고 잘 헤아려 믿음직함을 셈할 수 있다. 헤아린 믿음직함은 믿음직함의 공리를 따르는 믿음직함이다.

한 개인이 믿음직함의 공리를 어긴 채 명제에 믿음직함을 매긴다면 그것은 잘못 헤아린 믿음직함이다. "내일 날이 맑다"에 "내일 비가 오거나 오지 않는다"보다 더 높은 믿음직함을 준다면 이는 잘못 헤아린 믿음직함이다. 반드시 참말에는 가장 높은 믿음직함을 매겨야 한다. 참임을 아는 명제보다 참인지 거짓인지 모르는 명제에 더 큰 믿음직함을 준다면 이는 잘못 헤아린 믿음직함이다. 뜻이 같은 두 문장에 다른 믿음직함을 준다면 이는 잘못 헤아린 믿음직함이다. "내일 비가 온다"에 0.4의 믿음직함을 주고 "내일 비가 오지 않는다"에 0.7의 믿음직함을 준다면 이는 잘못 헤아린 믿음직함이다. 거짓임을 모르는 명제보다 거짓임을 아는 명제에 더 작은 믿음직함을 준다면 이는 잘못 헤아린 믿음직함이다. 거짓임을 아는 명제에는 가장 낮은 믿음직함을 매겨야 한다.

합리 행위자의 믿음직함은 응당 믿음직함의 공리를 따라야 한다는 견해를 "확률주의"라 한다. 이런 이름이 붙은 까닭은 우리가 다룬 '믿음직함의 공리'가 흔히들 "확률의 공리"로 불리기 때문이다. 믿음직함의 공리는 '믿음직함' 개념 자체를 구성한다. 달리 말해 믿음직함의 공리를 따르지 않는 값들은 믿음직함의 값이 아니다. 몇몇 개인은 믿음직함의 공리를 따르지 않은 채 믿음직함을 매기곤 하는데 이렇게 매긴 믿음직함을 "못헤아린 믿음직함"이라 이름 짓겠다. 잘못 헤아리는 일은 우리 삶에서 드문 일이 아니다. 우리 몸, 우리 머리, 우리 골은 때때로 잘못 추론하고 잘못 셈하고 잘못 헤아린다.

우리가 잘못 셈하고 잘못 추론하는 원인이 있다. 우리가 느낌, 기분, 감정, 분위기, 버릇에 따라 헤아릴 때 때때로 잘못 셈하고 잘못 추론한다. 잘못 헤아림의 원인을 탐구하는 일은 규범 연구라기보다 대체로 사실 연구다. 대니얼 카너먼[1934-]과 아모스 트버스키[1937-1996] 같은 심리학자는 이 연구에 큰 진척을 이루었다. 우리 몸이 환경에 빠르게 반응하면서 때때로 잘못 헤아리겠지만 그런 빠른 반응은 생존 가치를 지니곤 한다. 이것은 헤아림의 영역이 아니라 반응, 대응, 적응의 영역이다.

몸의 빠른 반응, 몸의 성능, 몸의 기능 장애 따위로 빚어진 잘못 헤아림을 "느낌"이나 "버릇"으로 표현할 수 있다. 헤아림은 느낌과 다른 과정이며 버릇과 다른 과정이다. 잘 느낌과 잘 헤아림은 둘 다 필요하다. 이 때문에 하나는 나쁘고 다른 하나는 좋다고 말해서는 안 된다. 잘 느끼는 대신에 잘못 헤아릴 수 있고 잘 헤아리는 대신에 잘못 느낄 수 있다. '잘못 헤아림'을 나쁘게 여기는 일은 헤아림의 영역에서만 그렇다. 느낌의 영역에서는 '잘 헤아림'이 오히려 나쁠 수 있다. 물론 느낌과 버릇이 늘 잘못 헤아림을 낳는 것은 아니다. 오히려 우리의 헤아림은 처음에 느낌과 버릇에 바탕을 두고 생긴다. 우리가 일단 헤아릴 줄 알면 헤아림이 헤아림을 더 잘 자라게 한다.

'느낌 믿음직함'은 느낌으로 매긴 믿음직함이고 '버릇 믿음직함'은 버릇으로 매긴 믿음직함이다. 버릇은 우리 느낌, 겪음, 기억, 훈육, 문화, 체화의 복잡한 산물이다. "X이거나 Y"와 X로부터 "Y는 거짓이다"를 추론하는 일은 느낌과 버릇의 산물이다. 카너먼과 트버스키는 사람들이 믿음직함을 매기는 버릇을 연구했다. 먼저 사람들에게 "린다는 서른한 살이고 결혼하지 않았고 솔직하고 밝고 사회 정의에 관심이 많다"고 알려준다. 그다음 "린다는 은행원이다"와 "린다는 은행원이고 페미니스트다" 가운데 믿음직함이 더 높은 명제가 무엇인지 묻는다. 응답한 사람의 85%가 뒤의 명제라 답했다.

"린다는 은행원이고 페미니스트다"로부터 "린다는 은행원이다"가 반드시 추론된다. 믿음직함의 정리 T03에 따르면 "린다는 은행원이고 페미니스트다"의 믿음직함보다 "린다는 은행원이다"의 믿음직함이 더 커야 한다. 하지만 많은 사람이 정리 T03에 따라 믿음직함을 매기지 않았다. 정리 T03은 믿음직함의 공리로부터 추론되었기에 이 정리에 따라 믿음직함을 매기지 않는 이들은 믿음직함의 공리 가운데 적어도 하나를 받아들이지 않은 셈이다.

누군가 8 곱하기 7을 87로 잘못 셈하더라도 이는 8 곱하기 7이 때때로 87일 수 있음을 뜻하지 않는다. 누군가 "내일 그는 부산에 가거나 광주에 간다"와 "내일 그는 부산에 간다"로부터 "그는 내일 광주에 가지 않는다"를 잘못 추론한다 해서 이는 "X이거나 Y"와 X로부터 "Y는 거짓이다"가 따라 나옴을 뜻하지 않는다. 마찬가지로 많은 사람이 믿음직함의 공리에 따라 믿음직함을 매기지 않는다는 사실은 믿음직함의 공리가 잘못되었음을 뜻하지 않는다. "린다는 은행원이다"보다

"린다는 은행원이고 페미니스트다"를 더 믿음직하게 여기는 현상은 헤아림 현상이 아니라 느낌과 버릇의 현상이다.

카너먼과 트버스키는 왜 이런 현상이 일어나는지 나름대로 설명한다. 사람들은 "린다는 서른한 살이고 결혼하지 않았고 솔직하고 밝고 사회 정의에 관심이 많다"는 이야기 맥락에 "린다는 은행원이고 페미니스트다"가 더 잘 어울린다고 착각한다. 또한 그들은 "린다는 은행원이다"를 "린다는 은행원이지만 페미니스트는 아니다"로 오해한다. 이런 착각과 오해는 느낌과 버릇에 바탕을 둔다. 이런 착각과 오해로부터 믿음직함을 잘못 헤아렸지만 페미니스트 린다를 마음속에 그리는 재미 또는 즐거움을 얻는다. 이 책에서 나의 관심은 잘못 헤아린 믿음직함에 있지 않다. 나는 믿음직함의 공리를 따르는 헤아린 믿음직함에만 관심을 갖는다.

0206. 인식 상황

믿음직함은 주체의 인식 상황에 따라 달라진다. 인식 상황은 크게 세 토막으로 나눠 생각할 수 있다. 이들은 명제마당, 배경정보, 새 정보다.

	다른 표현
명제마당	명제공간, 의견집합
배경정보	배경명제
새 정보	증거명제

한 주체에게 명제마당, 배경정보, 새 정보 가운데 적어도 하나가 바뀌면 그의 인식 상황은 바뀐다. '명제마당'은 믿음직함을 매길 관심 명제들의 집합이다. 이 집합을 PF라 짧게 쓰겠다.

명제마당의 공리를 다음과 같이 세울 텐데 이를 "공리 F"라 하겠다.

> 공리 F. 만일 명제 X가 명제마당 PF에 들어간다면 명제 "X는 참이다"와 "X는 거짓이다"도 PF에 들어간다. 만일 두 명제 X와 Y가 명제마당 PF에 들어간다면 명제 "X이고 Y", "X이거나 Y", "X이면 Y"도 PF에 들어간다.

이 공리로부터 다음 정리를 얻는다.

> 명제 X가 명제마당 PF에 들어간다면 "X이고 X는 거짓

이다"와 "X이거나 X는 거짓이다"도 PF에 들어간다.

물론 "X이면 X는 거짓이다"와 "X가 거짓이면 X"도 같은 명제마당에 들어간다. 하지만 "X이면 X는 거짓이다"는 "X는 거짓이다"와 뜻이 같고 "X가 거짓이면 X"는 X와 뜻이 같다. 뜻이 같은 명제들은 명제의 정의에 따라 같은 명제로 여긴다. 반드시 거짓말 "X이고 X는 거짓이다"는 F_o로 쓰고 반드시 참말 "X이거나 X는 거짓이다"는 T_o로 쓴다. 명제 T_o와 F_o는 모든 명제마당에 기본으로 들어 있다. 믿음직함의 공리와 정리에 따라 $C(T_o)$는 1이고 $C(F_o)$는 0이다.

만일 명제마당 PF가 {A, A는 거짓이다, T_o, F_o}면 PF 안의 각 명제는 명제 A를 바탕으로 "는 참이다", "는 거짓이다", "이고", "이거나", "이면"을 써서 만들 수 있다. 이 경우 명제 A를 명제마당 PF의 "바탕명제"로 정의한다. 명제마당 {A, A는 거짓이다, T_o, F_o}는 바탕명제 A를 써서 생성할 수 있다. 한 명제마당의 바탕명제는 여럿일 수 있다. 만일 명제 A와 B가 한 명제마당의 바탕명제면 이 명제마당을 이루는 명제는 다음과 같다.

A, ~A, B, ~B, T_o, F_o

A&B, A&~B, ~A&B, ~A&~B

A∨B, A∨~B, ~A∨B, ~A∨~B

$$'A\&B'\vee'\sim A\&\sim B', 'A\&\sim B'\vee'\sim A\&B'$$

참고로 다음이 성립한다.

$$'A\&B'\vee'\sim A\&\sim B' \equiv 'A\vee\sim B'\&'\sim A\vee B' \equiv A\leftrightarrow B$$

$$'A\&\sim B'\vee'\sim A\&B' \equiv 'A\vee B'\&'\sim A\vee\sim B' \equiv A\leftrightarrow\sim B$$

바탕명제가 많아지면 그에 따라 명제마당의 크기는 급격히 커진다. 바탕명제 개수가 N이면 명제마당의 크기는 최대 2의 2^N제곱이다. N이 1이면 명제마당의 크기는 2의 2제곱 곧 4다. N이 2면 명제마당의 크기는 2의 4제곱 곧 16이다. N이 3이면 명제마당의 크기는 256이다. 한 명제마당에 새로운 명제가 바탕명제로 주어지거나 기존 바탕명제 가운데 하나가 빠지면 명제마당의 큰 변화가 생긴다. 이것은 곧 인식 상황의 변화다.

인식 상황을 이루는 둘째 조각은 '배경명제' 또는 '배경정보'다. 배경정보는 이미 참임이 알려진 명제인데 배경정보의 믿음직함은 1로 가정된다. 배경정보는 주체가 믿음직함을 매길 관심 명제에서 제외되며 명제마당에 속하지도 않는다. 배경정보는 다시 메타정보와 설정정보로 이뤄진다. 명제마당의 구조에 관한 정보와 모든 주체가 갖는 정보는 메타정보에 속한다. "명제 A는 명제마당의 바탕명제다"나 "명제 'A이고 B'는 명제마당 안의 명제다" 같은 것은 명제마당에 관한 정보다. "주체는 믿음직함을 매길 수 있다"와 "명제는 믿음직함을 갖는다"는 모든 주체가 갖는 정보다. 명제의 공리, 믿음직함의 공리와 정리, 명제마당의 공리도 모든 주체가 갖는다. 설정정보는 명제마당 안 명제의 내용을 채우는 정보다. 메타정보든 설정정보든 배경정보가 달라지면 인식 상황도 달라진다.

인식 상황을 이루는 셋째 조각은 '증거명제' 또는 '새 정보'다. 새 정보는 기존 명제마당 안 명제들 가운데 하나거나 명제마당 바깥에서 새로 주어진 명제다. 처음에 참임이 알려지지 않았지만 나중에 참임이 알려지는 명제다. 몇몇 명제의 믿음직함을 알려주는 정보도 새 정보다. 새 정보가 주체에게 주어질 때마다 주체의 인식 상황은 바뀐다. 이에 따라 명제마당 안 몇몇 명제의 믿음직함에 변화가 생긴다. 명제마당이 $\{A, \sim A, T_0, F_0\}$였는데 이 가운데서 A가 새 정보로 주어지면 $C(A)$가 처음에 1이 아니었지만 1로 바뀌고 $C(\sim A)$는 0으로 바뀐다.

0207. 믿음직함의 갈래

명제마당, 배경정보, 새 정보의 성격에 따라 믿음직함을 여러 갈래로 갈래지을 수 있다. 명제마당의 명제들이 그냥 기호로서만 주어지느냐 그 내용이 주어지느냐에 따라 믿음직함을 갈래지을 수 있다.

기호^{말꼴} 믿음직함	명제들이 기호로서 주어진다.
내용^{말뜻} 믿음직함	명제들의 내용이 주어진다.

앞 절에서 우리는 명제마당을 이야기하면서도 명제 A나 B의 내용을 드러내지 않았다. 명제는 문장의 뜻이기에 그 뜻이 드러나야 표현 A나 B가 명제일 수 있다. 다만 우리는 A가 참값을 갖는다고 가정함으로써 공리에 따라 A가 명제를 표현한다고 가정한다. 이런 식으로 생성된 명제마당의 명제들은 다만 기호^{말꼴}로서 주어질 뿐이다. 이름하여 '기호 믿음직함' 또는 '말꼴 믿음직함'은 기호로서 주어진 명제들에 믿음직함을 매긴다.

'내용 믿음직함' 또는 '말뜻 믿음직함'은 "린다는 은행원이다"처럼 그 내용이 드러난 명제들에 믿음직함을 매긴다. "린다는 은행원이다"에 뜻을 주려면 홀이름 "린다"가 들어간 다른 명제들, 풀이말 "는 은행원이다"가 들어간 다른 명제들이 있어야 할 것 같다. 이 때문에 내용 믿음직함에서 다룰 명제마당을 구성하려면 아주 많은 명제들이 주어져야 한다. 하지만 설정정보에 몇몇 내용을 담음으로써 명제마당의 기호 명제에 내용을 줄 수 있다.

명제마당을 자연언어의 명제로 확장하고 이들 명제에 믿음직함을 매기려면 타르스키의 방식으로 명제마당을 구성해야 한다. 폴란드 철학자 알프레트 타르스키[1901-1983]는 1933년 무렵 명제들의 의미로부터 명제들에 참값을 주는 이론 체계를 만들었다. 1967년 논문 「참과 뜻」에서 데이빗슨은 본디 형식언어에 적용되는 타르스키의 이론을 자연언어에 적용되도록 확장했다. 이로써 그는 명제들의 참값으로부터 명제들에게 의미를 주는 이론 체계를 얻었다. 데이빗슨은 타르스키의 진리이론을 의미이론으로 바꾼 셈이다. 이 책에서는 명제마당을 자연언어 전체로 확장하는 데까지 나아가지 않겠다.

내용 믿음직함은 개인 믿음직함과 공통 믿음직함으로 나눌 수 있다. 기호 믿음직함은 대체로 공통 믿음직함이다.

개인 믿음직함	한 개인이 관계하는 명제들에 매긴다.
공통 믿음직함	한 사회에 통용되는 명제들에 매긴다.

한 개인이 관계하는 명제마당과 한 사회가 관계하는 명제마당은 규모에서 다르다. 한 개인은 사회에서 통용되는 일부 명제를 가져오거나 새로운 명제를 떠올림으로써 개인 명제마당을 구성한다. 개인은 또렷한 뜻을 지니지 않는 문장 표현을 자주

떠올린다. 이 경우 명제마당 자체가 흐릿하고 여기에 매기는 믿음직함도 흐릿하다. 그는 믿음직함을 잘못 헤아리기 일쑤겠지만 성찰과 반성을 거치며 차츰 헤아린 믿음직함으로 나아갈 수 있다. 공통 믿음직함은 한 사회에서 함께 통용되는 명제마당에 믿음직함을 매긴다. 한 측면에서 보면 믿음직함을 매기는 일은 개별 주체의 임무다. 하지만 다른 측면에서 보면 개별 주체는 표현의 뜻을 나누는 공동체 안에서만 주체일 수 있다. 이 점에서 개인 믿음직함과 공통 믿음직함을 또렷이 구별할 수는 없다.

내용 믿음직함은 이론 믿음직함과 현상 믿음직함으로 갈래지을 수 있다. 현상 믿음직함은 우리 세계의 실제 현상을 되도록 잘 표현하는 명제들로 명제마당을 구성한다. 반면 이론 믿음직함은 실제 세계를 우리가 인식할 수 있는 방식으로 모형화한 명제들로 명제마당을 구성한다.

	현상	이론
개인	개인 현상 믿음직함	개인 이론 믿음직함
공통	공통 현상 믿음직함	공통 이론 믿음직함

공통 이론 믿음직함 가운데 가장 중요한 것은 과학이론에 바탕을 둔 과학 믿음직함이다. 과학 믿음직함은 그 과학이론에 나오는 명제들로 명제마당을 짠다. 이렇게 짠 명제마당 안의

명제에 믿음직함을 매긴 뒤 이 과학이론 안의 탐구 활동으로 새 정보를 얻으며 믿음직함을 갱신한다. 이론 믿음직함은 '가설' 명제와 '법칙' 명제가 배경정보로 주어지거나 명제마당 안에 들어간다. 보통 '가설'은 대체로 명제마당에 들어가고 '법칙'은 대체로 배경정보로 주어진다.

명제마당과 배경정보가 주어지면 어느 정도 인식 상황이 규정된다. 새 정보의 성격에 따라 여러 정보 상황이 다시 생겨난다. 이름하여 "완전 정보 상황"은 접근 가능한 전체 정보가 주체에게 주어진다면 명제마당 안 명제의 참값을 모두 결정지을 수 있는 정보 상황이다. "불완전 정보 상황"은 접근 가능한 전체 정보가 주체에게 주어지더라도 명제마당 안 명제의 참값을 모두 결정지을 수 없는 상황이다. "부분 정보 상황" 또는 "제한 정보 상황"에서는 접근할 수 있는 전체 정보 가운데 일부만 주체에게 주어진다. "무제한 정보 상황"에서는 접근할 수 있는 정보 전체가 주체에게 주어진다. 무제한 정보 상황이든 제한 정보 상황이든 보통의 실제 개별 사람은 그 정보 가운데 오직 일부만 실제로 얻을 수 있다.

우리에게 새로 주어질 정보 상황은 다음 네 경우다. 이들 정보 상황에서 각기 다른 방식으로 믿음직함이 매겨진다.

	보기
제한 없는 완전 정보 상황에서 믿음직함	고전역학
제한된 완전 정보 상황에서 믿음직함	고전통계역학
제한 없지만 불완전한 정보 상황에서 믿음직함	양자역학?
제한되고 불완전한 정보 상황에서 믿음직함	양자통계역학?

개인 믿음직함과 현상 믿음직함은 대체로 제한되고 불완전한 정보 상황에서 믿음직함이다. 이론 믿음직함은 대체로 제한 없는 정보 상황에서 믿음직함을 꿈꾼다. 다만 완전 정보 상황을 가정하는 이론 믿음직함이 있고 불완전 정보 상황을 가정하는 이론 믿음직함이 있다. 물리학의 고전역학과 고전통계역학에서 다루는 믿음직함은 완전 정보 상황을 가정하는 공통 이론 믿음직함이다. 양자역학과 양자통계역학에서 다루는 몇몇 믿음직함은 불완전 정보 상황을 가정하는 공통 이론 믿음직함이다.

제한 없는 완전 정보 상황에서 믿음직함은 0 또는 1이다. 다른 상황에서는 0과 1 사이 믿음직함이 가능하다. 실생활에서 우리가 매기는 믿음직함은 대체로 제한되고 불완전한 정보 상황에서 믿음직함이다. 보통의 과학들이 주로 관심을 두는 믿음직함은 제한된 정보 상황에서 공통 이론 믿음직함이다. 몇몇 학자는 명제에 '일어남직함'을 매긴다. 이들에게 일어남직함은 대체로 '제한된 완전 정보 상황에서 공통 믿음직함'이거나 '제한 없지만 불완전한 정보 상황에서 공통 믿음직함'이다.

0208. 명제마당

기호 믿음직함은 순전히 논리에 바탕을 둔 믿음직함이며 가능세계에 바탕을 둔 믿음직함이다. 우리는 아주 단순한 명제마당에서 기호 믿음직함을 셈하려 한다. 바탕명제가 A뿐인 명제마당은 다음 명제들로 이뤄졌다.

P \ Q	~A	A
A	A∨~A	A
~A	~A	A&~A

점선 대각선 위쪽은 P 열의 명제와 Q 행의 명제 사이에 ∨를 넣고 점선 대각선 아래쪽은 &를 넣는다. 점선 대각선은 ∨를 넣든 &를 넣든 똑같다.

우리는 명제 A가 참인 세계와 거짓인 세계를 생각할 수 있다. W_1은 명제 A가 참인 세계고 W_2는 명제 A가 거짓인 세계다. P 열에 W_1에서 해당 명제의 참값을 쓴다. Q 행에 W_2에서 해당 명제의 참값을 쓴다. 사이 모눈에 이들 참값을 차례에 맞게 함께 쓴다.

P \ Q	W_2: ~A_T	W_2: A_F
W_1: A_T	TT	TF
W_1: ~A_F	FT	FF

참값 TT는 W_1에서 참이고 W_2에서 참임을 뜻한다. 이 때문에

TT 대신에 참인 세계들의 집합 {W_1, W_2}를 쓴다. 이 집합을 짧게 W12라 쓰겠다. 참값 FF의 경우 해당 명제가 참인 세계가 없기에 ∅을 쓴다.

P \ Q	W_2: ~A_T	W_2: A_F
W_1: A_T	W12	W1
W_1: ~A_F	W2	∅

방금 그린 세 가지 모눈을 함께 그리면 아래와 같다. A∨~A는 반드시 참말이기에 T_o라 썼고 A&~A는 반드시 거짓말이기에 F_o라 썼다.

P \ Q	W_2: ~A_T	W_2: A_F
W_1: A_T	T_o TT, W12	A TF, W1
W_1: ~A_F	~A FT, W2	F_o FF, ∅

이렇게 하여 바탕명제가 A뿐인 명제마당을 완전하게 나타내었다.

비슷한 방식으로 바탕명제가 A와 B뿐인 명제마당을 모눈으로 나타낼 수 있다. 다만 명제 A와 B는 아무런 논리 관계를 맺지 않는다고 가정한다. 점선 대각선 위쪽은 P 열의 명제와 Q 행의 명제 사이에 ∨를 넣고 점선 대각선 아래쪽은 &를 넣는다. 점선 대각선은 ∨를 넣든 &를 넣든 똑같다. 다만 점선 대각선의 모눈에 A↔B와 A↔~B를 넣을 때 연결한 명제는 2

행과 2열의 명제 또는 4행과 4열의 명제다.

P \ Q	~A	B	~B	A
A	T_o	A∨B	A∨~B	A
B	B∨~A	B	A↔B	B&A
~B	~B∨~A	A↔~B	~B	~B&A
~A	~A	~A&B	~A&~B	F_o

A↔B와 A↔~B를 셈할 때 아래 달리 쓰기 규칙을 썼다.

$$\text{`A\&B'∨`~A\&~B'} \equiv \text{`A∨~B'\&`~A∨B'} \equiv A↔B$$

$$\text{`A\&~B'∨`~A\&B'} \equiv \text{`A∨B'\&`~A∨~B'} \equiv A↔~B$$

2행과 2열의 두 명제 사이에 &를 넣든 4행과 4열의 두 명제 사이에 ∨를 넣든 똑같은 명제가 나온다.

이제 참값을 모눈에 넣겠다. 우리는 명제 A가 참인 세계와 거짓인 세계를 생각하고 명제 B가 참인 세계와 거짓인 세계를 생각할 수 있다. W_1은 둘 다 참인 세계고, W_2와 W_3은 둘 가운데 하나만 참인 세계고, W_4는 둘 다 거짓인 세계다. P 열에 W_1과 W_2에서 해당 명제의 참값을 차례대로 쓴다. 예컨대 명제 A는 W_1과 W_2에서 참값 TT를 갖는다. Q 행에 W_3과 W_4에서 해당 명제의 참값을 차례대로 쓴다. 예컨대 명제 ~A는 W_3과 W_4에서 참값 TT를 갖는다. 다른 모눈들에 이들 참값을 차례에 맞게 함께 쓴다.

P \ Q	W34:~A_{TT}	W34: B_{TF}	W34: ~B_{FT}	W34: A_{FF}
W12: A_{TT}	TTTT	TTTF	TTFT	TTFF
W12: B_{TF}	TFTT	TFTF	TFFT	TFFF
W12: ~B_{FT}	FTTT	FTTF	FTFT	FTFF
W12: ~A_{FF}	FFTT	FFTF	FFFT	FFFF

참값 TTTT는 모든 세계에서 참임을 뜻한다. 이 때문에 TTTT 대신에 참인 세계들의 집합 {W_1, W_2, W_3, W_4}를 쓴다. 이 집합을 짧게 W1234라 쓰겠다. 참값 FFFF의 경우 해당 명제가 참인 세계가 없기에 ∅을 쓴다.

P \ Q	W34:~A_{TT}	W34: B_{TF}	W34: ~B_{FT}	W34: A_{FF}
W12: A_{TT}	W1234	W123	W124	W12
W12: B_{TF}	W134	W13	W14	W1
W12: ~B_{FT}	W234	W23	W24	W2
W12: ~A_{FF}	W34	W3	W4	∅

방금 그린 세 모눈을 함께 그리면 아래와 같다.

P \ Q	W34: ~A_{TT}	W34: B_{TF}	W34:~B_{FT}	W34: A_{FF}
W12: A_{TT}	T TTTT W1234	A∨B TTTF W123	A∨~B TTFT W124	A TTFF W12
W12: B_{TF}	B∨~A TFTT W134	B TFTF W13	A↔~B TFFT W14	B&A TFFF W1
W12: ~B_{FT}	~B∨~A FTTT W234	A↔~B FTTF W23	~B FTFT W24	~B&A FTFF W2
W12: ~A_{FF}	~A FFTT W34	~A&B FFTF W3	~A&~B FFFT W4	F FFFT ∅

마침내 우리는 바탕명제가 {A, B}인 명제마당을 모눈으로 완전하게 나타냈다. 비슷한 방식으로 바탕명제가 {A, B, C}인 명제마당도 모눈으로 완전히 나타낼 수 있다.

0209. 무차별 원리

가장 단순한 명제마당은 바탕명제가 오직 한 명제뿐인 마당이다. 그 한 명제가 A면 이 명제마당은 다음 구조를 갖는다. 이 명제마당의 이름은 PF[4]다.

$T_\circ$ TT, W12	A TF, W1
~A FT, W2	$F_\circ$ FF, ∅

이들 네 명제에 믿음직함을 매기겠는데 이때의 믿음직함은 내용 믿음직함이 아니라 기호 믿음직함이다. 먼저 믿음직함의 공리와 정리에 따라 명제 $T_\circ$에 당연히 믿음직함 1을 주고 명제 $F_\circ$에는 믿음직함 0을 준다. 명제 A의 믿음직함과 명제 "A는 거짓이다"에는 각각 0과 1 사이의 값을 주되 둘의 합은 1이어야 한다. 왜냐하면 믿음직함의 공리와 정리에 따르면 C(A) + C(A는 거짓이다)는 1이어야 하기 때문이다. C(A)와 C(A는 거짓이다)는 각각 얼마여야 할까?

우리는 A가 참인 세계에 사는가? 아니면 A가 거짓인 세계 곧 "A는 거짓이다"가 참인 세계에 사는가? 우리는 말꼴 A의 내용을 모른다. 다만 말꼴 A가 참값을 갖는다고 가정할 뿐이다. 이 가정 덕분에 명제의 정의상 말꼴 A는 명제다. 말꼴 A의 내용을 모르기에 우리가 A가 참인 세계에 사는지 A가 거짓인 세계에 사는지 아예 가릴 수 없다.

우리의 인식 상황을 규정하는 명제마당은 PF[4]다. "이 명제마당의 바탕명제는 명제 A뿐이다"는 배경정보며 메타정보다. 이 메타정보로부터 우리는 A가 참인 세계와 A가 거짓인 세계 가운데 한 세계에 반드시 산다. 우리가 두 세계 가운데 한 세계에 산다는 사실은 우리 인식 상황을 이루는 배경정보다. 이 인식 상황에서 C(A)와 C(A는 거짓이다)에 값을 매겨야 한다. A가 참인 세계에 살라고 우리가 더 굳게 믿어야 할 다른 정보가 있는가? 없다. A가 거짓인 세계에 살라고 우리가 더 굳게 믿어야 할 다른 정보가 있는가? 없다.

지금 우리는 명제 "A는 참이다"와 명제 "A는 거짓이다"를 차별할 만한 정보를 아예 갖지 않는다. 우리는 "A는 참이다"와 "A는 거짓이다" 가운데 하나를 더 굳게 믿어야 할 정보를 갖지 않는 인식 상황에 있다. 이것이 믿음직함을 처음 매길 때의 우리 인식 상황이다. 이 상황에서 이른바 "**무차별 원리**" 또는 "**무차별성 원리**"를 받아들여야 할 것 같다.

> 무차별 원리: 여러 명제 가운데 하나가 더 참이리라 믿을 정보가 한 주체에게 아예 없다면 그는 이들 명제에 똑같은 믿음직함을 매겨야 한다.

이 원리를 달리 "무관심 원리"나 "불충분이유 원리"라고도 한다. 오늘날에는 이른바 '최대 엔트로피 원리'를 써서 무차별 원리를 정당화하곤 한다.

아주 옛날 에피쿠로스$^{BCE341-270}$는 "여러 이론이 같은 자료와 일관된다면 그 이론들을 모두 유지하라"는 원칙을 제안한 적이 있다. 피에르시몽 드 라플라스$^{1749-1827}$가 확률을 '가능한 전체 경우의 수 나누기 해당 경우의 수'로 정의할 때는 무차별 원리를 은연중에 가정한 셈이다. 그에 앞서 확률을 연구했던 야코프 베르누이$^{1654-1705}$도 이미 비슷한 정의를 도입했다. 이들은 손쉽게 확률을 셈하려는 목적으로 이 정의를 도입한 것 같다. 생리학자 요하네스 아돌프 폰 크리스$^{1853-1928}$는 라이프니츠의 '충족이유율' 또는 '충분 이성 원리'를 조롱하려고 "불충분 이성 원리" 또는 "불충분이유 원리"를 제안했다. 경제학자 존 메이너드 케인스$^{1883-1946}$는 1921년 책 『확률 논고』에서 이 원리에 "무차별 원리"라는 새 이름을 주었다. 그는 이 원리 자체를 탐탁지 않게 여긴 모양이다. 물리학자 에드윈 톰슨 제인스$^{1922-1998}$는 1957년 논문 「정보이론과 통계역학」에서 깁스의 엔트로피 개념을 써서 무차별 원리를 정당화했다. 그는 확률이론을 논리학의 확장으로 여겼다.

라이프니츠는 우연진실이 참인 까닭이 반드시 있을 텐

데 다만 우리는 이를 모를 뿐이라 생각했다. 그는 1714년 『모나드론』에서 "그 까닭이 우리에게 보통은 알려질 수 없더라도, 왜 그것이 그래야 하고 그렇지 않으면 안 되는 충분한 까닭이 없다면, 무슨 사건이든 있을 수 없고 무슨 명제든 참일 수 없다"고 했다. 이것이 그의 '충족이유율'이다. 하지만 명제 A와 명제 "A는 거짓이다" 가운데 하나를 더 믿어야 할 까닭이 참말로 없다면 어떻게 되는가?

라이프니츠는 명제 A와 명제 "A는 거짓이다" 가운데 하나가 참인 까닭, 증거, 정보가 반드시 있다고 믿었다. 하지만 명제마당 PF[4]에서 우리의 인식 상황에서는 명제 A와 명제 "A는 거짓이다" 가운데 어느 하나를 더 믿어야 할 까닭이 참말로 없다. 이 경우 우리는 명제 A와 명제 "A는 거짓이다"를 둘 다 버리기보다 이들 명제에 똑같은 믿음직함을 주는 것이 낫겠다. 이것이 불충분이유 원리며 무차별 원리다. 명제 A와 명제 "A는 거짓이다" 가운데 하나를 더 믿어야 할 까닭이 없다면 두 명제에 똑같은 믿음직함을 주라.

무차별 원리를 께름칙하게 여기는 학자들이 더러 있다. 철저 확률주의자, 철저 베이즈주의자, 철저 주관주의자는 믿음직함의 공리 말고 다른 것을 주체의 믿음직함에 강요해서는 안 된다고 주장한다. 표현의 내용 또는 명제 내용을 드러내려면 엄청나게 많은 바탕명제를 가져와야 한다. 명제마당이 자연언어 수준으로 커지면 명제들 사이 관계에 흐릿함과 헷갈림이 생긴다. 이는 자연언어의 본모습이다. 자연언어를 명제마당으로 삼을 때의 인식 상황에서 무차별 원리를 무작정 도입하는 것은 삼가야 한다.

무차별 원리를 받아들인 채 믿음직함을 매기는 것과 그것을 받아들이지 않고 믿음직함을 매기는 것은 다른 갈래의 믿음직함 함수를 낳는다. 적어도 우리는 기호 믿음직함에서 무차별 원리를 가정해도 될 것 같다. 무차별 원리를 받아들이는 일은 무차별 원리를 메타정보에 넣는 것이나 다름없다. 이제 우리는 명제마당 PF[4]의 인식 상황에서 C(A)와 C(A는 거짓이다)가 각각 1/2이라 결론 내린다. 하지만 이는 C(화성에 외계인이 산다)와 C(화성에 외계인이 살지 않는다)가 각각 1/2임을 뜻하지 않는다. "화성에 외계인이 산다"는 내용이 드러난 표현인데 우리가 이 명제를 파악하자마자 우리는 화성이 태양계 넷째 행성임을 떠올린다. 그밖에 관련된 다른 명제들을 떠올리며 "화성에 외계인이 산다"에 엄청나게 낮은 믿음직함을 준다.

0210. 가능세계

명제마당 PF[4]의 인식 상황에서 C(A)와 C(A는 거짓이다)는 각각 1/2이다. 우리는 두 가지 가능세계를 생각할 수 있는데 이들 가능세계 자체가 우리에게 무차별성을 갖는다. 우리 인식 상황에서는 우리가 어느 세계에 사는지 알 만한 정보가 없기에 A가 참인 세계와 A가 거짓인 세계는 우리에게 아무런 차이가 없다. 이 점에 비추어볼 때 믿음직함 1/2은 다른 방식으로 이해할 수 있다. 두 가지 가능세계에서 A가 참인 세계가 한 가지기에 C(A)는 1/2이다. 두 가지 가능세계에서 "A는 거짓이다"가 참인 세계가 한 가지기에 C(A는 거짓이다)는 1/2이다.

이런 방식의 믿음직함 셈은 다른 명제마당에서도 비슷하게 적용할 수 있을 것 같다. 바탕명제가 A와 B뿐인 명제마당을 PF[16]이라 하면 PF[16]은 다음 얼개를 갖는다. 우리는 A와 B 사이에 아무 논리 관계도 없다고 가정한다.

$T_\circ$ TTTT W1234	A∨B TTTF W123	A∨~B TTFT W124	A TTFF W12
~A∨B TFTT W134	B TFTF W13	A↔B TFFT W14	A&B TFFF W1
~A∨~B FTTT W234	A↔~B FTFT W23	~B FTFT W24	A&~B FTFF W2
~A FFTT W34	~A&B FFTF W3	~A&~B FFFT W4	$F_\circ$ FFFF ∅

반드시 참말과 반드시 거짓말을 빼면 14개 명제가 있다. 우리는 이들 명제 가운데 무엇이 참인지 가릴 만한 정보가 없다. 이 경우 각 명제에 모두 1/14의 믿음직함을 주면 어떻게 되는가? C(B) = C(A&B) = C(~A&B) = 1/14이라고 가정하겠다. 믿음직함의 공리에 따라 셈하여 C(B) = C('A&B'∨'~A&B') = C(A&B) + C(~A&B) = 1/14 + 1/14 = 1/7을 얻는다. 이는 애초 C(B) = 1/14이라는 가정에 어긋난다. 따라서 우리가 무엇이 참인지 알 수 없다는 까닭에서 각 명제에 모두 똑같은 믿음직함 값을 주는 일은 잘못이다.

우리가 생각할 수 있는 세계는 4가지다. 우리가 사는 세계가 네 가지 세계 가운데 어디인지 가릴 길이 없다. 이 점에서 네 명제 A&B, A&~B, ~A&B, ~A&~B가 눈에 띈다. 이들은 각각 W_1, W_2, W_3, W_4에서만 참이고 다른 세계에서는 거짓이다. 네 세계 가운데 한 세계에 사는 우리에게 A&B, A&~B, ~A&B, ~A&~B 가운데 오직 하나만 참이고 다른 셋은 거짓이다. 우리가 W_1에 산다면 명제 A&B는 참이고 다른 셋은 거짓이다. 이 때문에 세계 W1을 A&B의 세계로 여겨도 되겠다. 우리가 W_2에 산다면 명제 A&~B는 참이고 다른 셋은 거짓이다. 이 때문에 세계 W_2를 A&~B의 세계로 여겨도 되겠다. 우리가 W_3에 산다면 명제 ~A&B는 참이고 다른 셋은 거짓이다.

이 때문에 세계 W_3을 ~A&B의 세계로 여겨도 되겠다. 우리가 W_4에 산다면 명제 ~A&~B는 참이고 다른 셋은 거짓이다. 이 때문에 세계 W_4를 ~A&~B의 세계로 여겨도 되겠다.

 몇몇 철학자는 명제를 세계들의 집합으로 정의하곤 한다. 이 경우 명제마당 PF[16]에서 명제 A∨B는 집합 W123으로 정의할 수 있고 명제 A&B는 집합 W1로 정의할 수 있다. 또는 네 가지 가능세계에서 참값들의 나열로 명제를 정의할 수도 있다. 보기를 들어 명제마당 PF[16]에서 명제 T_0는 TTTT고 명제 A∨B는 TTTF로 정의할 수 있다. 명제를 세계의 집합으로 정의하든 참값의 나열로 정의하든 이 정의는 명제 내용이 드러나지 않을 때에만 받아들일 만하다. 가능세계의 집합이나 참값의 나열만으로는 명제 내용이 모두 드러나지 않는다. 왜냐하면 표현들의 관계 그물만으로 표현의 뜻이 모두 드러나지 않기 때문이다. 표현들 사이의 관계만으로 맨땅에 해석이 완수되지 않는다는 사실은 이를 잘 말해준다.

 명제 A&B, A&~B, ~A&B, ~A&~B 가운데 적어도 하나는 참이고 오직 하나만 참이다. 하지만 우리는 이들 가운데 무엇이 참인지 가릴 만한 정보가 아예 없다. 네 가능세계 {W_1, W_2, W_3, W_4} 가운데 우리가 어느 세계에 사는지 가릴 만한 정보가 없다. 나아가 이들 네 명제 {A&B, A&~B, ~A&B, ~A&~B} 가운데 어느 하나를 더 굳게 믿을 만한 정보도 없다. 이 때문에 무차별 원리에 따라 우리는 이들 명제에 똑같은 믿음직함 1/4을 준다.

이 1/4 값은 이들 명제가 차별할 수 없는 네 가지 가능세계 가운데서 오직 한 가지 가능세계에서만 참이라는 점을 잘 반영한다. 명제 A&B의 믿음직함을 1/4로 여기는 일은 우리가 W_1에 있으리라는 믿음직함을 1/4로 여기는 일과 같다. 이 생각은 다른 명제의 믿음직함을 매기는 데도 확장할 수 있다. 오직 두 가지 가능세계에서만 참인 명제 A, ~A, B, ~B, A↔B, A↔~B의 믿음직함은 각각 1/2이다. 세 가지 가능세계에서만 참인 명제 A∨B, A∨~B, ~A∨B, ~A∨~B의 믿음직함은 각각 1/3이다.

이제 무차별 원리에 따라 명제마당 PF[16]에서 각 명제의 믿음직함은 다음과 같이 할당된다. 아래에서 예컨대 참값 나열 TTTF나 집합 W123은 명제 A∨B의 다른 표현이다.

$C(T_o) =$ $C(TTTT) =$ $C(W1234) = 1$	$C(A\lor B) =$ $C(TTTF) =$ $C(W123) = 3/4$	$C(A\lor {\sim}B) =$ $C(TTFT) =$ $C(W124) = 3/4$	$C(A) =$ $C(TTFF) =$ $C(W12) = 1/2$
$C({\sim}A\lor B) =$ $C(TFTT) =$ $C(W134) = 3/4$	$C(B) =$ $C(TFTF) =$ $C(W13) = 1/2$	$C(A{\leftrightarrow}B) =$ $C(TFFT) =$ $C(W14) = 1/2$	$C(A\&B) =$ $C(TFFF) =$ $C(W1) = 1/4$
$C({\sim}A\lor{\sim}B) =$ $C(FTTT) =$ $C(W234) = 3/4$	$C(A{\leftrightarrow}{\sim}B) =$ $C(FTTF) =$ $C(W23) = 1/2$	$C({\sim}B) =$ $C(FTFT) =$ $C(W24) = 1/2$	$C(A\&{\sim}B) =$ $C(FTFF) =$ $C(W2) = 1/4$
$C({\sim}A) =$ $C(FFTT) =$ $C(W34) = 1/2$	$C({\sim}A\&B) =$ $C(FFTF) =$ $C(W3) = 1/4$	$C({\sim}A\&{\sim}B) =$ $C(FFFT) =$ $C(W4) = 1/4$	$C(F_o) =$ $C(FFFF) =$ $C(\varnothing) = 0$

우리는 바탕명제 A와 B 사이에 아무 논리 관계도 없다고 가정했다. 둘 사이에 논리 관계가 있으면 가능세계들을 다르게 생각해야 한다. 명제 A와 B 사이에 논리 관계가 있다면 몇몇 명제의 믿음직함은 달라진다.

0211. 분할명제

명제 A와 ~A는 함께 참일 수 없고 적어도 하나는 참이다. 이런 성격을 만족하는 명제 집합을 "분할집합"이라 한다. '분할명제'는 분할집합 안 명제들이다. 한 명제 집합 $\{X_1, X_2\}$가 분할집합임은 다음을 뜻한다. 첫째, $X_1 \& X_2$는 참일 수 없다. 둘째, $X_1 \vee X_2$는 참이다. 이를 더 많은 명제 집합에도 똑같이 정의할 수 있다. 이 정의를 정의 D01이라 하겠다.

> D01. "한 명제 집합 $\{X_1, X_2, X_3, \cdots, X_n\}$은 분할집합이다"는 다음을 뜻한다. 첫째, 이들 가운데 아무렇게 두 명제 X_i와 X_j를 뽑았을 때 $X_i \& X_j$는 거짓이다. 둘째, 이들 명제를 모두 $\vee$로 이은 명제 $X_1 \vee X_2 \vee X_3 \vee \cdots \vee X_n$은 참이다.

명제마당 $PF^{[4]}$에서 분할집합은 $\{A, \sim A\}$다. 명제 A를 그대로 A로 쓰고 명제 ~A를 B로 쓰면 명제마당 $PF^{[4]}$는 다음과 같이 달리 표현할 수 있다.

$T_\circ$ TT, W12	A TF, W1
B FT, W2	$F_\circ$ FF, ∅

여기서 $T_\circ$는 $A \vee B$고 $F_\circ$는 $A \& B$다. 세계 W_1은 A가 참인 세계

고 세계 W_2는 B가 참인 세계다. ~B는 A와 논리 동치고 ~A는 B와 논리 동치다.

명제마당 PF[16]에서 분할집합은 {A&B, A&~B, ~A&B, ~A&~B}다. 이들 가운데 둘을 뽑아 '이고'로 묶으면 그 명제는 거짓이다. 이들 넷을 '이거나'로 묶으면 그 명제는 참이다. 명제 A&B를 A_1로 쓰고 A&~B를 A_2로 쓰고 ~A&B를 A_3으로 쓰고 ~A&~B를 A_4로 쓰겠다. 이 경우 W_1은 A_1이 참인 세계고 W_2는 A_2가 참인 세계며 W_3은 A_3이 참인 세계고 W_4는 A_4가 참인 세계다. 명제마당 PF[16]은 다음처럼 표현할 수 있다.

T_o TTTT W1234	$A_1 \vee A_2 \vee A_4$ TFTT W134	$A_1 \vee A_2 \vee A_4$ TTFT W124	$A_1 \vee A_2$ TTFF W12
$A_1 \vee A_3 \vee A_4$ TFTT W134	$A_1 \vee A_3$ TFTF W13	$A_1 \vee A_4$ TFFT W14	A_1 TFFF W1
$A_1 \vee A_3 \vee A_4$ FTTT W234	$A_2 \vee A_3$ FTTF W23	$A_2 \vee A_4$ FTFT W24	A_2 FTFF W2
$A_3 \vee A_4$ FFTT W34	A_3 FFTF W3	A_4 FFFT W4	F_o FFFF ∅

분할집합을 써서 명제마당을 표현하면 가능세계와 연관이 더 잘 드러난다.

명제마당 PF[16]을 생성하는 방법은 여러 가지다. 첫째, 바탕명제 {A, B}로 마당을 생성한다. 둘째, 분할집합 {A&B, A&~B, ~A&B, ~A&~B}로 마당을 생성한다. 셋째, 분할집합

{A, ~A}로 생성한 마당과 분할집합 {B, ~B}로 생성한 마당을 합성한다. 두 마당을 합성한다는 것은 한 마당의 명제와 다른 마당의 명제를 '는 거짓이다', '이고', '이거나', '이면' 따위로 다시 묶어 새로운 명제를 생성하는 일이다.

바탕명제가 N개면 명제마당의 명제는 최대 2의 2^N제곱 개였다. 이 경우 명제마당 안 명제의 개수는 4개, 16개, 256개 따위로 매우 빠르게 늘어난다. 하지만 바탕명제로 명제마당을 생성하지 않고 분할명제들로 명제마당을 생성할 수 있다. 2개의 분할명제로 이뤄진 분할집합으로 명제마당 PF[4]를 생성할 수 있다. 또한 4개의 분할명제로 명제마당 PF[16]을 생성할 수 있다. 나아가 우리는 N개 명제로 이뤄진 분할집합을 만들 수 있기에 이 집합을 써서 그에 맞는 명제마당을 생성할 수 있다. 집합 {A, B, C}가 분할집합이면 이 집합으로 다음 명제들을 생성할 수 있다.

	T_o TTT W123	
B∨C FTT W23	A∨C TFT W13	A∨B TTF W12
A TFF W1	B FTF W2	C FFT W3
	F_o FFF ∅	

이 명제마당은 $PF^{[8]}$이다. 여기서 세계 W_1은 A가 참인 세계고 세계 W_2는 B가 참인 세계며 세계 W_3은 C가 참인 세계다. 우리가 명제들 {A, B, C} 가운데 어느 하나가 더 참이리라 굳게 믿을 정보가 아예 없다면 이들 명제에 똑같이 1/3의 믿음직함을 주어야 한다. 똑같은 믿음직함을 줄 수 있는 N개의 분할집합을 써서 명제마당을 생성한다면 이 명제마당 안 명제에 믿음직함을 매기는 일은 매우 간단해진다.

0212. 설정정보

나는 인식 상황을 배경정보, 명제마당, 새 정보로 나누고 배경정보를 다시 메타정보와 설정정보로 나누었다. 설정정보는 명제마당의 기호 명제에 내용을 주거나 그 명제에 믿음직함 값을 미리 설정한다. 배경정보를 이루는 명제들은 우리가 이미 이해하는 자연언어 문장으로 표현된다. 이 점에서 배경정보는 그 내용과 뜻이 드러난 명제다. 설정정보의 한 보기로서 "상자 안에 오직 한 사물이 들어있다"를 생각하겠다.

우리가 낱말 "상자"와 "사물"을 일단 듣자마자 공간과 물체를 생각한다. 이 사물이 무슨 갈래의 사물인지 생각하지 않아도 된다는 뜻에서 이 사물에게 홀이름 "이것"을 붙이면 가장 어울린다. 하지만 이 글을 읽는 이가 헷갈릴 수 있으니 이 사물의 이름을 "알파"라 하겠다. 알파는 상자를 벗어날 수 없으며 상자 안에서 움직이지 않고 멈춰 있다. 이야기하기 쉽도록 상자의 공간을 3차원 대신에 2차원으로 잡는다.

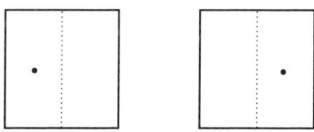

상자 안을 왼쪽과 오른쪽으로 나누는데 왼쪽 넓이와 오른쪽 넓이는 똑같다. 이와 같은 사실을 설정정보에 담는다. 우리의 인식 상황은 알파가 상자 안의 왼쪽에 있는지 오른쪽에 있는지 모르는 상황이다.

이제 우리는 "알파는 왼쪽에 있다"에 믿음직함을 매기고자 한다. 설정정보 덕택에 "알파는 왼쪽에 있지 않다"는 "알파는 오른쪽에 있다"를 뜻한다. 믿음직함을 매길 명제마당은 바탕명제 "알파는 왼쪽에 있다"를 써서 구성할 수 있다. 이 명제를 A라 쓰겠다. "알파는 오른쪽에 있다"는 "A는 거짓이다"를 뜻하는데 이 명제를 B라 쓰겠다. 두 명제의 집합 {알파는 왼쪽에 있다, 알파는 오른쪽에 있다}는 분할집합이다. 이 분할집합을 써서 명제마당을 생성할 수도 있다. 어느 방식으로 생성하든 우리가 믿음직함을 매길 명제마당은 똑같다.

| $T_\circ$ | A: 알파는 왼쪽에 있다. |
TT, W12	TF, W1
B: 알파는 오른쪽에 있다.	$F_\circ$
FT, W2	FF, ∅

여기서 W_1은 명제 A가 참인 가능세계고 W_2는 명제 B가 참인 가능세계다. 이 명제마당은 사실상 PF[4]와 다를 바 없다. 차이는 설정정보 덕택에 명제 A와 B의 내용이 어느 정도 드러난다는 점이다. 이 명제마당을 PF[AB]로 부르겠다.

명제마당 PF[4]에 기호 믿음직함을 줄 때와 똑같이 무차별 원리를 써서 명제마당 PF[AB]의 A에게 믿음직함 1/2을 줄 수 있을까? 이 물음의 답은 설정정보 "상자 안에 오직 한 사물이 들어있다"와 "왼쪽 넓이와 오른쪽 넓이는 똑같다"를 우리가 어떻게 이해하느냐에 달려 있다. 알파가 왼손잡이 사람이고 그는 왼쪽 자리를 더 좋아하는 사람이면 우리는 C(A)에 1/2보다 더 큰 값을 줄 까닭이 있다. 하지만 우리는 알파가 사람인지 물건인지 아예 모르고 그것이 왼쪽을 더 좋아하는지 오른쪽을 더 좋아하는지 아예 모른다. 알파가 어느 한 곳을 더 좋아하리라는 정보가 우리에게 아예 없다.

우리는 사리에 맞게 '상자 안 공간'을 이해해야 한다. 상자는 한쪽으로 기울어져 있거나 한쪽이 다른 쪽보다 더 차갑거나 더 뜨거운가? 지금 우리는 상자 안 공간이 어떠한지 아예 모르는 인식 상황에 있다. 물리학자는 사물의 움직임을 탐구하면시 다음과 같은 원리를 가정한다: 공간은 어느 곳이든 한결같다. 또는 물체는 공간의 특정 자리를 더 좋아하거나 더 싫어하지 않는다. 이를 "공간의 동질성"이라 한다. 공간은 동질성뿐만 아니라 등방성도 갖는다. 공간은 어느 쪽이든 한결같다. 또는 물체는 공간의 특정 방향을 더 좋아하거나 더 싫어하지 않는다.

'상자 안 공간'을 물리 공간으로 한정할 까닭은 없다. 하지만 우리는 상자 안 공간이 어느 곳이든 어느 쪽이든 한결같다고 가정하는 편이 낫겠다. 누군가 이렇게 물을 수 있다. 공간이 한결같다고 볼 정보가 없고 공간이 한결같지 않다고 볼 정보도 없다면 우리는 "공간은 한결같다"와 "공간은 한결같지 않다"에 똑같이 1/2의 믿음직함을 주어야 하지 않은가? 하지만 만일 공간이 한결같지 않다면 어느 자리가 특별하고 어느 쪽이 특별한가? 한곳 한곳 또는 한쪽 한쪽이 특별할 만한 후보가 된다.

우리가 공간은 한결같지 않다고 어느 정도 믿더라도 우리는 특정 자리와 특정 방향에 특권을 줄 정보를 여전히 갖지 못한다. 결국 공간이 한결같지 않다고 가정하더라도 "사물은 왼쪽 공간에 쏠린다"와 "사물은 오른쪽 공간에 쏠린다"에 똑같은 믿음직함을 주어야 한다. 우리의 이런 인식 상황에서는 "공간은 한결같다"를 가정하든 "공간은 한결같지 않다"에 어느 정도 믿음직함을 주든 차이를 만들지 못한다. 앞으로의 탐구를 쉽게 하고 싶다면 "공간은 한결같다"를 설정정보에 넣거나 아예 메타정보에 넣는 것이 좋다.

"공간은 한결같다"를 "한결의 원리" 또는 "대칭성 원리"라 한다. 물리학은 한결의 원리를 바탕으로 이론을 전개한다. 물리학은 이 원리에 바탕을 두고 사건에 일어남직함을 매기고 명제에 믿음직함을 매긴다. 알파가 물리 사물이면 우리는 상자 안 공간이 한결같다고 가정해도 될 것 같다. 상자 안 공간이 한결같다면 알파에게 왼쪽 자리와 오른쪽 자리는 무차별한 자리다. 결국 무차별 원리에 따라 알파가 왼쪽에 있으리라는 믿음직함과 오른쪽에 있으리라는 믿음직함은 같아야 한다. 곧 C(A) = C(B) = 1/2.

이제 상자 안을 다시 위쪽과 아래쪽으로 나눌 수 있다. 다만 위쪽과 아래쪽 넓이가 똑같다고 가정한다.

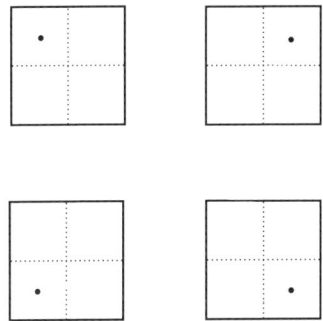

명제 "알파는 위쪽에 있다"를 C라 쓰면 "알파는 아래쪽에 있다"는 "C는 거짓이다"와 뜻이 같다. 이를 D라 쓰겠다. 네 명제 A, B, C, D가 생성하는 명제마당을 PF[ABCD]라 하겠는데 우리는 이 마당의 명제에 믿음직함을 매겨야 한다. 사실 PF[ABCD]는 PF[16]의 구조를 갖는다.

명제마당 PF[ABCD]를 생성하는 방법은 여러 가지다. 첫째, 바탕명제 {A, C}로 마당을 생성한다. 참고로 ~A는 B이고 ~C는 D다. 아래 네 존재 상황을 표현하는 명제는 각각 다음과 같다.

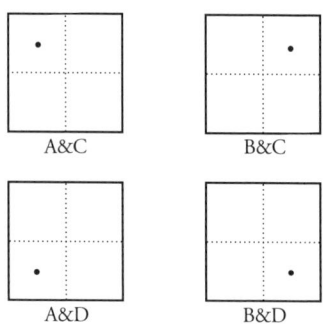

둘째, 분할집합 {A&C, A&D, B&C, B&D}로 마당을 생성한다. 셋째, 분할집합 {A, B}로 생성한 마당과 분할집합 {C, D}로 생성한 마당을 합성한다. 명제마당을 어떻게 생성하든 명제마당의 구조는 똑같다. 한결의 원리와 무차별 원리를 쓴다면 $C(A\&C) = C(A\&D) = C(B\&C) = C(B\&D) = 1/4$. 나머지 명제들의 믿음직함도 비슷하게 매길 수 있다.

$C(T_o) = 1$	$C(A \lor C) = 3/4$	$C(A \lor D) = 3/4$	$C(A) = 1/2$
$C(B \lor C) = 3/4$	$C(C) = 1/2$	$C(A \leftrightarrow C) = 1/2$	$C(A\&C) = 1/4$
$C(B \lor D) = 3/4$	$C(A \leftrightarrow D) = 1/2$	$C(D) = 1/2$	$C(A\&D) = 1/4$
$C(B) = 1/2$	$C(B\&C) = 1/4$	$C(B\&D) = 1/4$	$C(F_o) = 0$

이 믿음직함 값들은 우리가 처음에 명제마당 PF[16]에 매겼던 값들과 똑같다.

우리는 상자 안 공간을 N개 똑같은 면적으로 나눔으로써 여러 가지 명제마당을 생성할 수 있다. 상자 안을 3등분하여 "알파는 맨 왼쪽에 있다", "알파는 가운데 있다", "알파는 맨 오른쪽에 있다"에 믿음직함을 매길 수 있다. 이 세 명제를 A, B, C라 하면 명제 집합 {A, B, C}는 분할집합이다.

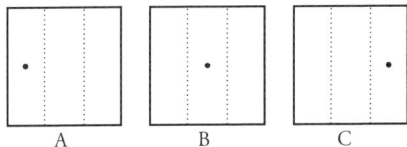

3등분한 세 공간의 넓이는 똑같기에 한결의 원리와 무차별 원리를 써서 C(A) = C(B) = C(C) = 1/3. 이 경우 C(A∨B)는 2/3다. 그다음 우리는 왼쪽과 오른쪽 넓이가 각각 전체의 2/3와 1/3이 되도록 상자 안 공간을 나눌 수 있다.

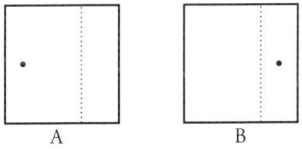

명제 "알파는 왼쪽에 있다"를 A라 하고 "알파는 오른쪽에 있다"를 B라 하면 명제 집합 {A, B}는 분할집합이다. 이 경우에도

한결의 원리와 무차별 원리를 써서 C(A)는 2/3이고 C(B)는 1/3이라 생각해야 한다.

한 물체 알파가 빈터로서 공간의 어디에 놓여 있는가의 물음은 우리에게 복잡한 물음이 아니다. 우리는 한결의 원리와 무차별 원리를 써서 이런 물음에 쉽게 답할 수 있다. 공간 전체를 N등분한다면 그 가운데 특정 등분에 알파가 있으리라는 믿음직함은 1/N이다.

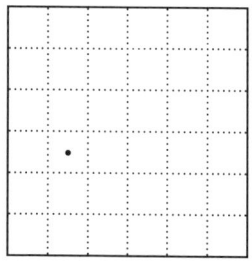

공간 X의 넓이가 전체의 a/b면 "알파는 공간 X에 있다"의 믿음직함은 a/b다.

우리는 알파보다 더욱 복잡한 물리계를 공간에 놓을 수 있다. 두 물체 알파와 베타를 공간에 놓은 뒤 알파와 베타를 하나의 물리계로 잡고 이 물리계의 상태를 이야기할 수 있다. 이 물리계의 상태는 알파의 위치와 베타의 위치에 따라 결정된다. 나아가 물리계의 위치가 바뀌고 속도가 바뀐다면 우리

앞에 더욱 복잡한 물음이 나타난다. "그 물리계는 위치 공간 X 에 있고 속도 공간 V에 있다"의 믿음직함은 얼마인가? 물리학자는 물체의 물리량을 짜임새 있게 할당하는 새로운 공간을 만들어야 한다. 물리학자는 이른바 "위상공간"이라는 새로운 공간을 고안한다. 그다음 위상공간을 '똑같은 넓이' 또는 '똑같은 부피'로 등분하는 새로운 기법을 고안한다. 이 기법이 마련되면 한결의 원리와 무차별 원리를 써서 아까와 비슷한 방식으로 "그 물리계는 위상공간 P에 있다"에 믿음직함을 매길 수 있다. 위상공간 P의 넓이가 위상공간 전체 넓이의 a/b면 "그 물리계는 위상공간 P에 있다"의 믿음직함은 a/b다.

위상공간을 똑같은 넓이나 부피로 N등분한다면 물리계의 물리량이 그 가운데 특정 등분에 놓이리라는 믿음직함은 $1/N$이다. 하나의 작은 등분을 '미시상태'라 하면 여러 미시상태를 묶어 한 '거시상태'를 정의할 수 있다. 통계역학은 N등분을 다시 W_1개, W_2개, W_3개 따위로 묶어 여러 거시상태를 정의한다. 거시상태1은 미시상태의 개수가 W_1개고 거시상태2는 미시상태의 개수가 W_2개다. 이 경우 물리계가 거시상태1에 있으리라는 믿음직함은 얼마인가? 한결의 원리와 무차별 원리를 쓴다면 그것은 W_1/N이다.

위상공간을 똑같은 넓이나 부피로 분할했다면 한 거시

상태를 이루는 미시상태들의 수 W는 물리계의 상태를 예측하는 매우 중요한 물리량이다. 왜냐하면 한 거시상태를 구성하는 미시상태들의 수 W는 물리계가 그 거시상태에 있으리라는 우리의 믿음직함을 결정하기 때문이다. 물리량 W의 이러한 중요성 때문에 볼츠만은 물리량 W를 바탕으로 물리량 '엔트로피'를 정의한다. 이렇게 정의된 엔트로피는 한 물리계의 속성이라기보다 한 거시상태의 속성이다. 한 거시상태의 이 속성은 물리계가 그 거시상태에 있으리라는 우리의 믿음직함을 결정한다.

03. 조건화

새 정보가 주어지면 기존 믿음직함은 바뀐다. 조건화 규칙은 우리가 새 정보를 안 다음에 기존 믿음직함이 어떻게 바뀌어야 할지를 알려준다. 베이즈 공리는 가장 단순한 조건화 규칙이다. 만일 명제 Y를 안 다음에도 명제 X의 믿음직함이 바뀌지 않는다면 명제 X와 Y는 무관하다. 거꾸로 명제 X와 Y가 무관하지 않다면 명제 X를 안 다음에 명제 Y의 믿음직함은 바뀌고 명제 Y를 안 다음에 명제 X의 믿음직함은 바뀐다. 이 장에서는 믿음직함의 변화를 규제하는 조건화 규칙들을 살펴본다.

0301. 베이즈 공리

우리는 앞에서 아무 논리 관계가 없는 두 명제 A와 B를 바탕 명제로 삼아 명제마당 PF[16]을 생성했다. 우리는 무차별 원리를 써서 이렇게 생성된 PF[16]의 명제들에 믿음직함을 매겼다. 처음의 이 인식 상황을 EC_0으로 쓰고 이때의 믿음직함 함수를 C_0으로 쓰겠다. 인식 상황 EC_0에서 명제마당 PF[16] 안 명제의 C_0 값은 다음과 같다.

$C_0(T_o) =$ $C_0(W1234) = 1$	$C_0(A \lor B) =$ $C_0(W123) = 3/4$	$C_0(A \lor {\sim}B) =$ $C_0(W123) = 3/4$	$C_0(A) =$ $C_0(W12) = 1/2$
$C_0({\sim}A \lor B) =$ $C_0(W134) = 3/4$	$C_0(B) =$ $C_0(W13) = 1/2$	$C_0(A \leftrightarrow B) =$ $C_0(W14) = 1/2$	$C_0(A \& B) =$ $C_0(W1) = 1/4$
$C_0({\sim}A \lor {\sim}B) =$ $C_0(W234) = 3/4$	$C_0(A \leftrightarrow {\sim}B) =$ $C_0(W23) = 1/2$	$C_0({\sim}B) =$ $C_0(W24) = 1/2$	$C_0(A \& {\sim}B) =$ $C_0(W2) = 1/4$
$C_0({\sim}A) =$ $C_0(W34) = 1/2$	$C_0({\sim}A \& B) =$ $C_0(W3) = 1/4$	$C_0({\sim}A \& {\sim}B) =$ $C_0(W4) = 1/4$	$C_0(F_o) =$ $C_0(\emptyset) = 0$

만일 우리에게 새 정보 '$A \lor B$'가 주어지면 우리의 인식 상황은 바뀌며 이에 따라 우리의 믿음직함도 바꾼다. 바뀐 인식 상황을 EC_1로 쓰고 이때의 믿음직함 함수를 C_1로 쓰겠다. 새 정보 $A \lor B$가 주어졌다는 말은 우리가 명제 $A \lor B$가 참임을 알게 되었음을 뜻한다. 곧 EC_1에서 우리는 $A \lor B$가 참임을 안다. 결국 EC_0에서 $C_0(A \lor B)$는 3/4이었지만 EC_1에서 $C_1(A \lor B)$는 1이다.

우리에게 명제 A∨B가 참이기에 우리가 사는 세계는 W123 가운데 하나다. 여기서 W123은 집합 {W_1, W_2, W_3}을 가리킨다. 결국 인식 상황 EC_1에서 우리는 가능세계 W_4를 생각할 수 있는 세계들의 목록에서 빼야 한다. 우리는 W123에서만 각 믿음직함을 새로 셈해야 한다. EC_1에서 명제마당 PF[16] 안 명제의 믿음직함은 다음과 같이 바뀐다.

$C_1(T_o) =$ $C_1(W123) = 1$	$C_1(A \lor B) =$ $C_1(W123) = 1$	$C_1(A \lor \sim B) =$ $C_1(W12) = 2/3$	$C_1(A) =$ $C_1(W12) = 2/3$
$C_1(\sim A \lor B) =$ $C_1(W13) = 2/3$	$C_1(B) =$ $C_1(W13) = 2/3$	$C_1(A \leftrightarrow B) =$ $C_1(W1) = 1/3$	$C_0(A \& B) =$ $C_0(W1) = 1/4$
$C_1(\sim A \lor \sim B) =$ $C_1(W23) = 2/3$	$C_1(A \leftrightarrow \sim B) =$ $C_1(W23) = 2/3$	$C_1(\sim B) =$ $C_1(W2) = 1/3$	$C_1(A \& \sim B) =$ $C_1(W2) = 1/3$
$C_1(\sim A) =$ $C_1(W3) = 1/3$	$C_1(\sim A \& B) =$ $C_1(W3) = 1/3$	$C_1(\sim A \& \sim B) =$ $C_1(\emptyset) = 0$	$C_1(F_o) =$ $C_1(\emptyset) = 0$

이들 믿음직함 변화에는 규칙이 있다. 분모에는 3이 온다. 이 수는 새 정보 A∨B가 참인 가능세계의 수 곧 집합 W123의 크기다. 분자는 해당 명제가 참인 가능세계와 W123 사이에 겹치는 가능세계의 수가 온다. 곧

$$\frac{\text{해당 명제와 새 정보가 함께 참인 가능세계의 수}}{\text{새 정보가 참인 가능세계의 수}}$$

이로부터 새 정보 E가 주어진 뒤 새로운 인식 상황에서 명제 X의 믿음직함 $C_1(X)$는 다음 규칙을 따를 것 같다.

$$C_1(X) = \frac{C_0(X \text{이고 } E)}{C_0(E)}$$

보기로 명제 A∨~B의 믿음직함이 어떻게 바뀌는지 셈하겠다. 이전 인식 상황에서 C_0(A∨~B)는 3/4이다. 새 정보 A∨B가 주어진 상황에서 C_1(A∨~B) = C_0('A∨~B'&'A∨B')/C_0(A∨B) = C_0(A)/C_0(A∨B) = (1/2)/(3/4) = 2/3.

만일 정보 ~A∨~B가 추가로 새로 주어지면 인식 상황은 또다시 바뀐다. 새로 바뀐 인식 상황을 EC_2라 하고 이때의 믿음직함 함수를 C_2라 하겠다. EC_1에서 C_1(~A∨~B)는 2/3였지만 EC_2에서 C_2(~A∨~B)는 1이다. EC_2에서 우리는 ~A∨~B가 참임을 알기에 우리가 사는 세계는 W23 가운데 하나다. 인식 상황 EC_2에서 우리는 가능세계 W_1을 생각할 수 있는 세계들의 목록에서 빼야 한다. 우리는 W23에서만 각 믿음직함을 새로 셈해야 한다. 따라서 EC_2에서 명제마당 PF[16] 안 명제의 믿음직함은 다음과 같이 바뀐다.

$C_2(T_o) =$ $C_2(W23) = 1$	$C_2(A \vee B) =$ $C_2(W23) = 1$	$C_2(A \vee \sim B) =$ $C_2(W2) = 1/2$	$C_2(A) =$ $C_2(W2) = 1/2$
$C_2(\sim A \vee B) =$ $C_2(W3) = 1/2$	$C_2(B) =$ $C_2(W3) = 1/2$	$C_2(A \leftrightarrow B) =$ $C_2(\varnothing) = 0$	$C_2(A \& B) =$ $C_2(\varnothing) = 0$
$C_2(\sim A \vee \sim B) =$ $C_2(W34) = 1$	$C_2(A \leftrightarrow \sim B) =$ $C_2(W23) = 1$	$C_2(\sim B) =$ $C_2(W2) = 1/2$	$C_2(A \& \sim B) =$ $C_2(W2) = 1/2$
$C_2(\sim A) =$ $C_2(W3) = 1/2$	$C_2(\sim A \& B) =$ $C_2(W3) = 1/2$	$C_2(\sim A \& \sim B) =$ $C_2(\varnothing) = 0$	$C_2(F_o) =$ $C_2(\varnothing) = 0$

새 정보 E'가 주어진 뒤 새로운 인식 상황 EC_2에서 명제 X의 믿음직함 $C_2(X)$는 $C_1(X\text{이고 } E')/C_1(E')$로 바뀐다. 보기를 들어 이전 인식 상황에서 $C_1(A)$는 2/3였다. 새 정보 $\sim A \vee \sim B$가 주어진 상황에서 $C_2(A) = C_1(A \& \text{'} \sim A \vee \sim B\text{'})/C_1(\sim A \vee \sim B) = C_1(\sim B)/C_1(\sim A \vee \sim B) = (1/3)/(2/3) = 1/2$.

지금까지 이야기를 일반화할 수 있다. 우리는 다른 것은 아직 모른 채 명제 Y만 새로 알게 된 다음 명제 X의 믿음직함을 셈하려 한다. 먼저 다음 표기법을 받아들인다.

> 다른 것은 아직 모른 채 명제 Y만 새로 알게 된 인식 상황에서 명제 X의 믿음직함 $:= C_Y(X)$

앞으로 "다른 것은 아직 모른 채 명제 Y만 새로 알게 된 인식 상황에서"를 "Y를 안 다음" 또는 "새 정보 Y를 안 다음"이라 짧게 쓰겠다. 만일 새 정보 Y로부터 명제 Z가 추론된다면 "새 정보 Z를 안 다음"이라 써서는 안 되며 "새 정보 Y를 안 다음"이라 써야 한다. 만일 명제 Y와 Z가 새 정보로 주어지면 "새 정보 'Y이고 Z'를 안 다음"이라 써야 한다.

토머스 베이즈[1701-1761]는 $C_Y(X)$가 $C(X이고 Y)/C(Y)$와 같을 것이라 주장했다. 이 주장은 그의 논문 「일어남직함의 원칙으로 문제 풀기」에 나온다. 이 논문은 그가 죽은 뒤인 1763년에 발표되고 다음 해 출판되었다. 이 논문 제목에 나오는 "일어남직함"은 사실상 "믿음직함"이다. 그의 주장을 "베이즈 공리"라 부르면 좋겠는데 우리는 이를 믿음직함의 다섯째 공리로 삼겠다. 이를 달리 "베이즈 조건화" 또는 "단순 조건화"라 한다.

$$C05.\ C_Y(X) = \frac{C(X이고 Y)}{C(Y)}$$

다만 $C(Y)$는 0이 아니어야 한다.

학자들은 여기서 말꼴 "$C(X|Y)$"를 사용한다. 이 말꼴은 다음처럼 정의된다.

$$C(X|Y) := \frac{C(X이고 Y)}{C(Y)}$$

말꼴 "C(X|Y)"는 "Y 조건부 X의 믿음직함"인데 공리 C05는 다음과 같이 달리 표현된다.

C05. $C_Y(X) = C(X|Y)$

이 때문에 말꼴 "C(X|Y)"를 "Y를 안 다음 X의 믿음직함"으로 읽곤 한다. 표기법 C(X|Y)든 표기법 $C_Y(X)$든 다른 것은 아직 모른 채 명제 Y만 새로 알게 된 인식 상황에서 X의 믿음직함이다. 다만 표기법 $C_Y(X)$는 믿음직함 함수가 Y를 안 다음 인식 상황에서 믿음직함 함수임을 더 잘 드러낸다.

만일 Y를 알기 전 인식 상황에서 믿음직함 함수가 $C_처$고 Y를 안 다음 인식 상황에서 믿음직함 함수가 $C_나$면 표기법들 사이에 다음 관계가 성립한다.

$C_나(X) = C_Y(X) = C_처(X|Y)$

처음 인식 상황에서 새 정보 E를 얻어 나중 인식 상황으로 바뀌면 아무 명제 X의 나중 믿음직함 $C_나(X)$는 $C_처(X|E)$와 같다. 공리 C05는 다음과 같이 달리 표현할 수 있다.

C05. 만일 명제 X의 처음 믿음직함이 C(X)고 새 정보 E를 안 다음 명제 X의 믿음직함이 $C_E(X)$면 $C_E(X) = C(X|E) = C(X이고 E)/C(E)$.

새 정보에 따른 믿음의 변화가 베이즈 공리를 따라야 한다는 점을 또렷이 제시한 것은 프랭크 램지의 1926년 논문 「참과 확률」부터다. 오늘날 베이즈주의자는 무슨 명제든 명제의 믿음직함이 믿음직함의 다섯 개 공리를 따른다고 믿는다. 베이즈 공리 자체는 무차별 원리를 가정하지 않는다. 우리는 명제마당 PF[16]의 명제들에 믿음직함을 매기려고 무차별 원리를 가정했을 뿐이다. 무차별 원리를 가정하든 가정하지 않든 믿음직함의 변화는 베이즈 공리를 따라야 한다.

베이즈 공리는 '아마도 추론'을 가늠하는 좋은 도구다. 가설이 참임을 드러내는 검증과 가설이 거짓임을 드러내는 반증 사이에 입증과 반입증의 여러 정도가 있다. 베이즈주의는 주어진 정보가 가설을 얼마큼 입증하는지 또는 얼마큼 반입증하는지를 숫자로 가늠한다. 정보 E를 얻기 전에 가설 H의 믿음직함은 C(H)지만 우리가 새로운 정보 E를 알게 된 다음에 가설 H의 믿음직함 C(H|E)는 C(H이고 E)/C(E)다. 여기서 C(E)는 정보 E를 얻기 전에 이 정보가 참이리라는 믿음직함이다. 우리는 가설의 처음 믿음직함 C(H)를 증거가 주어진 다음 가설의 믿음직함 C(H|E)와 견주어 봄으로써 가설의 입증 여부를 판가름할 수 있다. 만일 C(H|E) > C(H)면 E는 H를 입증한다. 만일 C(H|E) < C(H)면 E는 H를 반입증한다. 만일

C(H|E) = C(H)면 E는 H를 입증도 반입증도 하지 않는다. 우리는 베이즈 공리를 써서 한 추론이 얼마큼 강한지 또는 얼마큼 약한지 가늠할 수도 있다. C(결론|전제)가 C(결론)보다 아주 크다면 전제는 결론을 크게 뒷받침하며 이 추론은 강하다. 마땅한 추론의 경우 C(결론|전제)는 1이다.

베이즈 공리를 써서 몇몇 다른 정리를 이끌어낼 수 있다.

T05. C(X&Y) = C(X|Y)C(Y) = C(Y|X)C(X)

T06. X가 참임을 알면 반드시 C(X|Y) = 1

T07. C(A∨B|X) = C(A|X) + C(B|X) − C(A&B|X)

T08. A&B가 거짓임을 알면 반드시 C(A∨B|X) = C(A|X) + C(B|X)

T09. C(~X|Y) = 1 − C(X|Y)

T10. 만일 A&B가 거짓이시만 A∨B기 참임을 알면 반드시 C(X) = C(X|A)C(A) + C(X|B)C(B)

T11. C(Y) = C(Y|X)C(X) + C(Y|~X)C(~X)

정리 T10에서 "A&B는 거짓이고 A∨B는 참이다"는 "{A, B}는 분할집합이다"를 뜻한다. 정의 D01에 따르면 분할집합은 둘씩 함께 참일 수는 없지만 '이거나'로 모두 묶으면 참인 명제들의 집합이다. 정리 T10은 임의의 분할집합으로 확장할 수 있다.

정리 T05는 공리 C05로부터 곧장 따라 나오니 증명은 생략한다. 정리 T06을 증명한다. X가 참임을 알면 Y만 새로 알게 되더라도 X가 참임을 안다. 조건부 믿음직함도 믿음직함의 공리를 따라야 하기에 C(X|Y)는 1이다. 이를 달리 증명하겠다. X를 아는 상태에서는 Y가 참이면 반드시 X&Y도 참이다. 다시 말해 X가 참임을 아는 상태에서는 Y와 X&Y는 서로 따라 나온다. 이 경우 공리 C03에 따라 C(X&Y)와 C(Y)는 같다. X가 참임을 알면 C(X|Y) = C(X&Y)/C(Y) = C(Y)/C(Y) = 1.

정리 T07의 증명은 간단하다. 공리 C05와 정리 T04를 써서

C(A∨B|X) = C(ʻA∨Bʼ&X)/C(X)

= C(ʻA&Xʼ∨ʻB&Xʼ)/C(X)

= {C(A&X) + C(B&X) − C(A&B&X)}/C(X)

= C(A&X)/C(X) + C(A&X)/C(X) − C(A&B&X)/C(X)

= C(A|X) + C(B|X) − C(A&B|X)

정리 T08은 정리 T07로부터 곧장 나온다. A&B가 거짓임을 알면 A&B&X도 거짓임을 알고 이 경우 C(A&B&X)는 0이다. 따라서 C(A&B|X) = C(A&B&X)/C(X) = 0. 이를 정리 T07에 적용하면 정리 T08이 나온다. 정리 T09의 증명도 간단하다.

X∨~X는 반드시 참이기에 정리 T06에 따라 1 = C(X∨~X|Y). X&~X는 거짓이기에 정리 T08에 따라 C(X∨~X|Y) = C(X|Y) + C(~X|Y). 따라서 C(~X|Y) = 1 – C(X|Y).

정리 T10을 증명한다. 공리 C05와 정리 T05에 따라 C(X|A)C(A) = C(X&A)고 C(X|B)C(B) = C(X&B). T10의 이면 앞말이 참이면 C(X) = C(X&A) + C(X&B)임을 증명하겠다. 먼저 T10의 이면 앞말에 따라 A∨B가 참이라 가정한다. 이 가정 아래에서는 X로부터 X&'A∨B'가 따라 나온다. 당연히 X&'A∨B'로부터 X가 따라 나온다. 따라서 A∨B가 참인 상황에서 X와 X&'A∨B'는 서로 따라 나온다. 나아가 X&'A∨B'는 'X&A'∨'X&B'와 논리 동치다. 정리 T10의 이면 앞말에 따르면 A&B는 거짓이다. 이 때문에 X&A와 X&B는 함께 참일 수 없다. 공리 C03과 C04에 따라

$$C(X) = C(X\&`A\lor B`) = C(`X\&A`\lor`X\&B`)$$
$$= C(X\&A) + C(X\&B)$$

이처럼 정리 T10의 이면 앞말이 참이면 반드시 정리 T10의 이면 뒷말도 참이다. 이는 우리가 증명하려는 바와 같다. 정리 T11은 정리 T10의 한 보기다. 우리는 명제 X&~X는 거짓이지만 X∨~X는 참임을 안다. 곧 집합 {X,~X}는 분할집합이다.

그다음 공리 C05와 정리 T10을 써서 다음을 얻는다.

T12. 만일 A&B가 거짓이지만 A∨B는 참임을 알면 반드시

$$C(A|X) = \frac{C(X|A)C(A)}{C(X|A)C(A)+C(X|B)C(B)}$$

이 정리는 분할집합 {A, B}에서 성립하는데 임의의 분할집합으로 확장할 수 있다. 정리 T12를 특별히 "베이즈 정리"라 한다. 이를 증명하는 길은 그다지 어렵지 않다. 공리 C05에 따르면 C(A|X)는 C(A&X)/C(X)다. 정리 T05에 따라 분자의 C(A&X)는 C(X|A)C(A)다. 정리 T10에 따라 분모의 C(X)는 C(X|A)C(A) + C(X|B)C(B)다. 정리 T12는 쓰임새가 많다. 두 가설 모두 참이지는 않지만 적어도 하나는 참인 두 가설 H와 K를 생각하겠다. 이 경우 증거 E를 얻은 뒤 가설 H의 믿음직함 C(H|E)는 C(E|H)C(H)/C(E)와 같다. 이를 더 길게 쓰면

$$C(H|E) = \frac{C(E|H)C(H)}{C(E|H)C(H)+C(E|K)C(K)}$$

다. 여기서 C(E|H)를 "가설의 우도" 또는 "가설의 그럴듯함"이라 한다. "우도"나 "그럴듯함"은 영어 낱말 "라이클리후드"[likelihood]를 옮긴 말이다. '정보 E에 따른 가설 H의 그럴듯함'

C(E|H)는 '가설 H 아래서 정보 E가 증거로 주어질 가능성' 또는 '가설 H가 참인 상황에서 증거 E의 믿음직함'이다.

가설 G의 그럴듯함보다 가설 H의 그럴듯함이 더 크다는 것은 가설 G 아래서보다 가설 H 아래서 정보 E가 더 쉽게 참이 됨을 뜻한다. 이 점에서 '우도' 또는 '그럴듯함'은 한 가설 아래서 주어진 정보가 얼마만큼 쉽게 참인 것으로 드러나는지를 가늠하는 척도다. 한편 만일 가설 G 아래서보다 가설 H 아래서 정보 E가 참일 여지가 더 크다면 우리는 주어진 정보 E를 바탕으로 가설 G보다는 가설 H가 더 믿음직하다고 말할 수 있다. 이를 "그럴듯함의 법칙" 또는 "우도의 법칙"이라 한다.

> 그럴듯함의 법칙: 만일 C(E|H) > C(E|G)면 반드시 정보 E는 가설 G보다 가설 H를 더 뒷받침한다.

여기서 "정보 E는 가설 G보다 가설 H를 더 뒷받침한다"는 "C(H|E) > C(G|E)"를 뜻한다. 만일 C(H) ≥ C(G)면 그럴듯함의 법칙은 믿음직함의 공리와 정리로부터 증명할 수 있다. C(E|H) > C(E|G)는 C(H|E)C(E)/C(H) > C(G|E)C(E)/C(G)를 뜻한다. 이로부터 C(H|E)C(G)/C(H) > C(G|E)를 얻는다. C(G)/C(H)는 1보다 작거나 같기에 C(H|E)C(G)/C(H) > C(G|E)로부터 C(H|E) > C(G|E)를 얻을 수 있다. 가설 G를 "H는 거짓이

03 조건화

다"로 바꾸면 그럴듯함의 법칙은 다음처럼 표현된다. 만일 C(E|H) > C(E|H는 거짓이다)면 반드시 정보 E는 가설 H를 뒷받침한다.

0302. 무관함

"금성은 태양계 둘째 행성이다"를 믿는 일은 "정우성은 멋지다"를 믿는 데 아무 거리낌이 되지 않는다. 우리가 "금성은 태양계 둘째 행성이다"를 알든 모르든 우리에게 "정우성은 멋지다"의 믿음직함은 바뀌지 않는다. 이와 같은 두 명제를 "무관하다" "독립이다" "따로다"라 한다. 조건부 믿음직함 개념을 써서 "무관하다"를 정의하려 하는데 이 정의를 D02라 하겠다.

> D02. "X는 Y와 무관하다"는 "Y를 안 다음에도 X의 믿음직함이 바뀌지 않는다"를 뜻한다. 곧 X가 Y와 무관할 때 오직 그때만 반드시 $C(X|Y) = C(X)$.

무관함의 이 정의에 따르면 X와 무관한 정보가 알려지면 X의 믿음직함은 바뀌지 않는다. 이 정의는 "한 명제와 무관한 정보는 그 명제의 믿음직함을 바꾸지 못한다"는 우리 직관을 반영한다. 또는 다음 원리를 반영한다.

> 신중한 믿음 갱신: 한 명제와 무관한 정보가 알려지면 그 명제의 믿음직함을 바꾸지 말라. 한 명제와 유관한 정보가 알려질 때만 그 명제의 믿음직함을 바꾸라.

이 원리를 "믿음 갱신의 보수주의" 또는 "보수주의 믿음 갱신 원리"라고도 한다.

믿음직함의 공리들과 무관함의 정의 D02로부터 다음 정리를 이끌어낼 수 있다.

> T13. X는 Y와 무관하다. ⇔ C(X&Y) = C(X)C(Y) ⇔ Y는 X와 무관하다.
>
> T14. X는 Y와 무관하다. ⇔ X는 "Y는 거짓이다"와 무관하다. ⇔ "X는 거짓이다"는 "Y는 거짓이다"와 무관하다.
>
> T15. X는 Y와 무관하다. ⇔ Y를 안 다음 X의 믿음직함과 Y가 거짓임을 안 다음 X의 믿음직함은 같다.

말꼴 "P⇔Q"는 "P일 때 오직 그때만 반드시 Q"를 짧게 쓴 것이다. 이는 'P와 Q가 서로 따라 나옴'을 뜻한다. 말꼴 "P≡Q"는 'P와 Q가 논리 동치임'을 뜻한다. "P⇔Q"가 성립할 때 오직 그때만 반드시 "P≡Q"는 성립한다. 무관함의 정의에 따라 세 정리를 표현하면 아래와 같다.

> T13. C(X|Y) = C(X) ⇔ C(X&Y) = C(X)C(Y) ⇔ C(Y|X) = C(Y)
>
> T14. C(X|Y) = C(X) ⇔ C(X|~Y) = C(X)
> ⇔ C(~X|~Y) = C(~X)
>
> T15. C(X|Y) = C(X) ⇔ C(X|Y) = C(X|~Y)

이 정리들을 차례대로 증명하겠다.

먼저 정리 T13은 다음 차례로 증명한다. (i) 'C(X|Y) = C(X)면 반드시 C(X&Y) = C(X)C(Y)'를 증명한다. 조건에 따라 C(X|Y) = C(X)를 가정하면 정리 T05에 따라 C(X&Y) = C(X|Y) C(Y) = C(X)C(Y). (ii) 'C(X&Y) = C(X)C(Y)면 반드시 C(Y|X) = C(Y)'를 증명한다. 조건에 따라 C(X&Y) = C(X)C(Y)를 가정하면 공리 C05와 정리 T05를 써서 C(Y|X) = C(X&Y)/C(X) = C(X) C(Y)/C(X) = C(Y). (iii) 'C(Y|X) = C(Y)면 반드시 C(X|Y) = C(X)'를 증명한다. 조건에 따라 C(Y|X) = C(Y)를 가정하면 C(X|Y) = C(X&Y)/C(Y) = C(Y|X)C(X)/C(Y) = C(Y)C(X)/C(Y) = C(X).

정리 T14는 다음 차례로 증명한다. (i) 'C(X|Y) = C(X)면 반드시 C(X|~Y) = C(X)'를 증명한다. 이를 증명하는 데 다음 세 식이 쓰인다.

$$C(\sim Y) = 1 - C(Y)$$
$$C(X \& \sim Y) = C(X) - C(X \& Y)$$
$$C(X \& Y) = C(X)C(Y)$$

둘째 식은 C(X) = C('X&Y'∨'X&~Y') = C(X&Y)+C(X&~Y)로부터 얻었다. 셋째 식은 C(X|Y)= C(X)가 성립하면 정리 T14에 따라 C(X&Y) = C(X)C(Y)도 성립한다. 이 식들과 공리 C05를 써서

$$C(X|\sim Y) = C(X\&\sim Y)/C(\sim Y)$$

$$= \{C(X) - C(X\&Y)\}/\{1 - C(Y)\}$$

$$= \{C(X) - C(X)C(Y)\}/\{1 - C(Y)\} = C(X)$$

따라서 $C(X|\sim Y) = C(X)$. 이는 X가 "Y는 거짓이다"와 무관함을 뜻한다.

그다음 (ii) '$C(X|\sim Y) = C(X)$면 반드시 $C(\sim X|\sim Y) = C(\sim X)$'를 증명한다. X가 ~Y와 무관하면 T13에 따라 반드시 ~Y는 X와 무관하다. 한편 (i)에 따라 명제 P가 Q와 무관하면 명제 P는 ~Q와도 무관하다. 따라서 ~Y가 X와 무관하면 반드시 ~Y는 ~X와도 무관하다. ~Y가 ~X와 무관하면 다시 T13에 따라 반드시 ~X는 ~Y와 무관하다. 따라서 X가 "Y는 거짓이다"와 무관하면 반드시 "X는 거짓이다"는 "Y는 거짓이다"와 무관하다.

그다음 (iii) '$C(\sim X|\sim Y) = C(\sim X)$면 반드시 $C(X|Y) = C(X)$'를 증명한다. 앞의 (i)에서 증명한 바에 따르면 명제 P가 Q와 무관하면 명제 P는 ~Q와도 무관하다. 따라서 "X는 거짓이다"가 "Y는 거짓이다"와 무관하면 "X는 거짓이다"는 Y와 무관하다. 이 경우 정리 T13에 따라 Y는 "X는 거짓이다"와 무관하다. 다시 (i)을 적용하여 Y는 X와 무관하다. 이 경우 정리 T13에 따라 X는 Y와 무관하다.

남은 정리 T15를 증명한다. (i) '$C(X|Y) = C(X)$면 반드시

C(X|Y) = C(X|~Y)'를 증명한다. 이면 앞말 C(X|Y) = C(X)를 가정한다. 이 경우 T14에 따라 C(X) = C(X|~Y)가 성립한다. 따라서 C(X|Y) = C(X) = C(X|~Y). 곧 C(X|Y) = C(X|~Y). (ii) 'C(X|Y) = C(X|~Y)면 반드시 C(X|Y) = C(X)'를 증명한다. 이면 앞말 C(X|Y) = C(X|~Y)를 가정한다. 이 경우

$$C(X\&Y)/C(Y) = C(X\&\sim Y)/C(\sim Y)$$
$$= \{C(X) - C(X\&Y)\}/\{1 - C(Y)\}$$

가 성립한다. 이로부터 C(X&Y) = C(X)C(Y)를 얻고 이것은 정리 T13에 따라 'C(X|Y) = C(X)'를 뜻한다. 따라서 'C(X) = C(X|Y)'일 때 오직 그때만 반드시 'C(X|Y) = C(X|~Y)'다.

지금까지 이야기를 간추리겠다. 한 명제가 다른 명제와 무관하면 이들은 서로 무관하다. 두 명제끼리 무관하면 이들의 부정끼리도 무관하다. C(X&Y) = C(X)C(Y)면 X와 Y는 서로 무관하다. X가 Y와 무관하면 X는 Y의 부정과도 무관하다. Y를 알든 모르든 X의 믿음직함이 바뀌지 않으면 X와 Y는 서로 무관하다. Y를 안 다음 X의 믿음직함과 Y가 거짓임을 안 다음 X의 믿음직함이 같다면 X와 Y는 서로 무관하다. 이처럼 무관한 명제들끼리는 그것이 참이든 거짓이든 그것을 알든 모르든 한 명제를 아는 일이 다른 명제의 믿음직함을 바꾸지 못한다.

이러한 점을 명제마당 PF[16]에서 확인할 수 있다.

C(T_o)=1	C(A∨B)=3/4	C(A∨~B)=3/4	C(A)=1/2
C(~A∨B)=3/4	C(B) = 1/2	C(A↔B)=1/2	C(A&B)=1/4
C(~A∨~B)=3/4	C(A↔~B)=1/2	C(~B)=1/2	C(A&~B)=1/4
C(~A)=1/2	C(~A&B)=1/4	C(~A&~B)=1/4	C(F_o)= 0

이 모눈을 만들 때 우리는 바탕명제 A와 B 사이에 논리 관계가 아예 없다고 가정했다. C(A|B)를 셈하면 C(A&B)/C(B) = (1/4)/(1/2)이며 이는 1/2이다. C(A|~B)를 셈하면 C(A&~B)/C(B) = (1/4)/(1/2)이며 이는 1/2이다.

$$C(A) = C(A|B) = C(A|\sim B) = 1/2$$
$$C(B) = C(B|A) = C(B|\sim A) = 1/2$$
$$C(\sim A) = C(\sim A|B) = C(\sim A|\sim B) = 1/2$$
$$C(\sim B) = C(\sim B|A) = C(\sim B|\sim A) = 1/2.$$

이처럼 다음 명제 짝들은 서로 무관하다. (A, B), (A, ~B), (~A, B), (~A, ~B). 하지만 바탕명제 A와 B 사이에 논리 관계가 있다면 둘은 무관하지 않으며 명제마당 PF[16]의 명제들에 다른 믿음직함을 매겨야 한다. PF[16]의 명제들이 모두 서로 무관한 것은 아니다. 보기를 들어 명제 A∨B와 명제 A는 무관하지 않다.

C(A∨B)는 3/4이지만 C(A∨B|A)는 1이다. A가 참임을 안 다음에는 A∨B도 참임을 안다. 나아가 C(A)와 C(A|A∨B)는 다르다.

$$C(A|A\lor B) = C(A\&`A\lor B`)/C(A\lor B)$$
$$= C(A)/C(A\lor B) = (1/2)/(3/4) = 2/3$$

이처럼 C(A|A∨B)는 2/3지만 C(A)는 1/2이다.

정리 T13과 T14에 아직 또렷하지 않은 점이 있다. 그것은 X나 Y 자리에 반드시 참말이나 반드시 거짓말이 올 때다. Y 자리에 반드시 참말 T_o를 넣겠다. X&T_o는 X와 서로 따라 나온다. 이 때문에 C(X&T_o)는 C(X)와 같다. 한편 C(T_o)는 1이기에 C(X)C(T_o)는 C(X)와 같다. 따라서 C(X&T_o) = C(X)C(T_o). 정리 T13에 따르면 반드시 참말 T_o는 아무 명제 X와 무관하다. 하지만 정리 T14에 따르면 만일 X가 반드시 참말 T_o와 무관하면 X는 그 부정 F_o와도 무관해야 한다. 이는 반드시 참말뿐만 아니라 우리가 참임을 이미 아는 명제 T에 대해서도 성립한다. 명제 X는 참임을 이미 아는 명제 T와 무관하다. 나아가 명제 X는 거짓임을 이미 아는 명제 F와도 무관해야 한다.

한편 정의 D02에 따르면 다음이 성립해야 한다. C(X|F_o) = C(X). 베이즈 공리를 이야기할 때 C(Y)가 0인 경우 C(X|Y)가 정의되지 않는다고 했다. 하지만 베이즈 공리와 정리 D02를

어울리게 하려면 C(Y)가 0인 경우 C(X|Y)를 C(X)로 잡아야 할 것 같다. 곧 $C(X|F_o) = C(X)$. 하지만 우리는 C(X|X)가 1이어야 한다고 믿는다. 식 "$C(X|F_o) = C(X)$"에서 X 자리에 반드시 거짓말 F_o를 넣으면 "$C(F_o|F_o) = C(F_o)$"를 얻는다. C(X|X)가 1이어야 한다는 직관에 따르면 $C(F_o|F_o)$는 1이다. 하지만 $C(F_o)$는 당연히 0이다. 결국 공식 "$C(X|F_o) = C(X)$"는 직관 "$C(X|X) = 1$"과 어울릴 수 없다. 이는 반드시 거짓말 F_o뿐만 아니라 거짓임을 이미 아는 명제 F에도 그대로 적용된다.

몇몇 이론가는 C(Y)가 0일 때 C(X|Y)를 1로 잡는다. 곧 $C(X|F_o) = 1$. 그 까닭은 F_o가 거짓이지만 이 F_o가 알려진다면 이것은 F_o가 참임을 뜻한다. 하지만 "F_o가 거짓이지만 참이다"는 논리 관점에서 불가능하다. 이 불가능한 일이 일어난다면 아무 명제 X는 참이어야 한다. 이것은 논리의 법칙이다. 이 때문에 거짓 명제 F_o를 안 다음 X의 믿음직함 $C(X|F_o)$는 1이어야 한다. 우리가 "$C(X|F_o) = 1$"을 받아들이면 "$C(F_o|F_o) = 1$"이 되어 직관 "$C(X|X) = 1$"과 잘 어울린다. 하지만 "$C(X|F_o) = 1$"을 가정하면 "$C(X|F_o) = C(X)$"가 성립하지 않는다. 무관의 정의에 따라 명제 X는 F_o와 무관하지 않다. X가 반드시 거짓말과 무관하지 않기에 X는 반드시 참말과도 무관하지 않다. 이는 반드시 참말은 아무 명제 X와 무관하다는 우리 직관과 어긋난다.

우리는 아무 명제 X가 반드시 참말 및 반드시 거짓말과 무관하다는 우리 직관을 유지해야 하는가? 조건부 믿음직함이든 무관의 직관이든 거짓말의 경우는 제외해야 하는가? 이 수수께끼와 헷갈림을 여기서 더 깊게 다루지 않으려 한다. 우리는 C(Y)가 0일 때 C(X|Y)의 값을 정의하지 않겠다. 다만 명제 X는 반드시 참말과 무관하고 또한 명제 X는 반드시 거짓말과 무관하다고 가정하겠다. 나아가 명제 X는 참말임을 이미 아는 명제와 무관하고 또한 명제 X는 거짓말임을 이미 아는 명제와 무관하다.

베이즈 공리를 써서 증명할 수 있는 정리가 몇 가지 더 있다.

> T16. Y와 Z가 서로 따라 나오면 반드시 C(Y|X) = C(Z|X)이고 C(X|Y) = C(X|Z)
>
> T17. $C_E(X|E) = C_E(X)$. 또는 E가 참임을 이미 알면 반드시 C(X|E) = C(X&E) = C(X)
>
> T18. $C_E(X) = C(X|E)$일 때 오직 그때만 반드시 아무 명제 Y에 대해 $C_E(X|Y) = C(X|Y\&E)$

먼저 정리 T16을 증명한다. Y와 Z가 서로 따라 나오면 X&Y와 X&Z는 서로 따라 나온다. 공리 C03과 베이즈 공리에 따라

C(Y|X) = C(Y&X)/C(X) = C(Z&X)/C(X) = C(Z|X). 마찬가지로 C(X|Y) = C(X&Y)/C(Y) = C(X&Z)/C(Z) = C(X|Z).

정리 T17을 증명한다. E가 참임을 안 다음 X의 믿음직함은 C(X|E) 곧 C(X&E)/C(E)다. 이미 E가 참임을 알기에 C(E) = 1이고 C(X|E)는 C(X&E)와 같다. 한편 E가 참이면 X로부터 X&E가 반드시 따라 나온다. X&E로부터 당연히 X가 반드시 따라 나온다. 따라서 E가 참임을 알면 우리는 X와 X&E가 서로 따라 나옴을 안다. 공리 C03에 따라 C(X&E) = C(X). 결국 이미 E가 참임을 알면 우리가 다시 E가 참임을 안 다음에도 X의 믿음직함은 바뀌지 않는다. 정리 T17은 다음 원리와 밀접하게 관련된다.

> 단순 안정화 원리: $C_{처}(X|E) = C_{나}(X|E)$. 여기서 함수 $C_{처}$는 정보 E가 알려지기 전 믿음직함 함수고 함수 $C_{나}$는 정보 E가 알려진 다음 믿음직함 함수다.

이 원리를 달리 "단순 고정성 원리"라고도 한다. "고정성"은 본디 영어 낱말 "리지디티"rigidity를 옮긴 말이다. 표기법에 따르면 $C_E(X) = C(X|E)$가 성립한다. 한편 정보 E를 안 다음에 우리는 E가 참임을 이미 안다. 정리 T17에 따르면 $C_E(X|E) = C_E(X)$. 따라서 $C_E(X|E) = C_E(X) = C(X|E)$. 단순 안정화 원리는

"새 정보 E를 반영하여 일단 믿음직함을 바꾸었다면 그 믿음직함은 이미 안정화되어 그 똑같은 정보 E 때문에 또다시 흔들리지 않는다"를 말해준다.

그다음 정리 T18을 증명하겠다. 먼저 (i) '$C_E(X) = C(X|E)$면 반드시 아무 명제 Y에 대해 $C_E(X|Y) = C(X|Y\&E)$'를 증명한다. 먼저 이면 앞말 '$C_E(X) = C(X|E)$'를 가정한다. 이 경우 $C_E(X\&Y) = C(X\&Y|E)$고 $C_E(Y) = C(Y|E)$다. 표기법의 정의에 따라 $C_E(X|Y) = C_E(X\&Y)/C_E(Y)$다. 따라서

$$C_E(X|Y) = C_E(X\&Y)/C_E(Y) = C(X\&Y|E)/C(Y|E)$$
$$= C(X\&Y\&E)/C(Y\&E) = C(X|Y\&E).$$

곧 $C_E(X|Y) = C(X|Y\&E)$. 이는 (i)의 이면 뒷말이다. 따라서 $C_E(X) = C(X|E)$면 반드시 아무 명제 Y에 대해 $C_E(X|Y) = C(X|Y\&E)$.

그다음 (ii) '아무 명제 Y에 대해 $C_E(X|Y) = C(X|Y\&E)$면 반드시 $C_E(X) = C(X|E)$'를 증명한다. 이면 앞말 아무 명제 Y에 대해 $C_E(X|Y) = C(X|Y\&E)$가 성립한다고 가정한다. 이 경우 Y 자리에 반드시 참말 T_o을 대입해도 이것이 성립해야 한다. T_o가 반드시 참말이면 $T_o\&E$는 E와 논리 동치다. 정리 T17에 따라 $C_E(X|T_o) = C_E(X)$고 정리 T16에 따라 $C(X|T_o\&E) =$

C(X|E). 결국 Y에 반드시 참말을 대입하면 $C_E(X) = C_E(X|T_o) =$ C(X|T$_o$&E) = C(X|E). 간추리면 $C_E(X)$ = C(X|E). 이것은 (ii)의 이면 뒷말이다. 따라서 아무 명제 Y에 대해 $C_E(X|Y)$ = C(X|Y&E)면 반드시 $C_E(X)$ = C(X|E). (i)과 (ii)로부터 정리 T18이 증명되었다. 이 정리에서 '$C_E(X)$ = C(X|E)'는 사실상 베이즈 공리다. 따라서 이 정리는 베이즈 공리와 '$C_E(X|Y)$ = C(X|Y&E)'가 논리 동치임을 말한다. 정리 T18의 증명은 박일호의 2013년 논문 「조건화와 입증」에서 가져왔다.

우리는 앞에서 두 명제의 무관함을 정의했다. 곧 "명제 X는 명제 Y와 무관하다"는 "C(X|Y) = C(X)"를 뜻한다. 이 정의에 따라 무관한 정보를 찾아낼 수 있다. 명제마당 PF[16]에서 명제 Y를 안 다음 명제 X의 믿음직함 C(X|Y)는 다음과 같다. 반드시 참말과 거짓말은 셈에서 뺐다.

X \ Y	A∨B	A∨~B	~A∨B	~A∨~B	A	~A	B	~B	A↔B	A↔~B	A&B	A&~B	~A&B	~A&~B
A∨B	3/4	1	2/3	2/3	2/3	1	1/2	1	1/2	1	1	1	1	0
A∨~B	3/4	2/3	1	2/3	2/3	1	1/2	1	1/2	1	1	1	0	1
~A∨B	3/4	2/3	2/3	1	2/3	1/2	1	1	1/2	1	1	0	1	1
~A∨~B	3/4	2/3	2/3	2/3	1	1/2	1	1/2	1	1/2	1	0	1	1	1
A	3/4	2/3	2/3	1/3	1/3	1	0	1/2	1/2	1/2	1/2	1	1	0	0
~A	1/2	2/3	1/3	2/3	2/3	0	1	1/2	1/2	1/2	1/2	0	0	1	1
B	1/2	1/3	2/3	2/3	1/3	1/2	1/2	1	0	1/2	1/2	1	0	1	0
~B	1/2	2/3	1/3	2/3	1/3	1/2	1/2	0	1	1/2	1/2	0	1	0	1
A↔B	1/2	1/3	2/3	2/3	2/3	1/2	1/2	1/2	1/2	1	0	1	0	0	1

A↔~B	1/2	1/3	1/3	1/3	2/3	1/2	1/2	1/2	0	1	0	1	1	0
A&B	1/4	2/3	1/3	1/3	0	1/2	0	1/2	0	1/2	0	1	0	0
A&~B	1/4	1/3	1/3	0	1/3	1/2	0	0	1/2	0	1/2	0	1	0
~A&B	1/4	1/3	0	1/3	1/3	0	1/2	1/2	0	1/2	0	0	1	0
~A&~B	1/4	0	1/3	1/3	1/3	0	1/2	0	1/2	1/2	0	0	0	1

"$C(X|Y) = C(X)$"가 성립하는 곳 가운데 0과 1 사이 값은 잿빛 바탕으로 나타내었다. 참고로 명제 Z가 X 및 Y와 무관하면 명제 Z는 X&Y와 무관할 것 같다. 하지만 이는 성립하지 않는다. 명제 'A↔B'는 명제 A 및 B와 무관하다. $C(A|A↔B) = C(A) = 1/2$이며 $C(B|A↔B) = C(B) = 1/2$. 하지만 $C(A\&B|A↔B)$는 1/2이지만 $C(A\&B)$는 1/4이다.

X \ E	A	~A	B	~B	A↔B	A↔~B
A	1	0	1/2	1/2	1/2	1/2
~A	0	1	1/2	1/2	1/2	1/2
B	1/2	1/2	1	0	1/2	1/2
~B	1/2	1/2	0	1	1/2	1/2
A↔B	1/2	1/2	1/2	1/2	1	0
A↔~B	1/2	1/2	1/2	1/2	0	1

명제마당 PF[16]에서 $C(X|E) = C(X)$가 성립하는 명제 E는 다음과 같다. 명제 B, ~B, A↔B, A↔~B 가운데 하나가 새 정보로 주어지면 이는 명제 A나 ~A와 무관하다. 보기를 들어 새 정보 E로 명제 B가 주어지면 $C(A\&E) = C(A)C(E)$고 $C(\sim A\&E) =$

C(~A)C(E)가 성립한다. 왜냐하면 C(A)C(E)는 (1/2)(1/2) = 1/4 이고 C(~A)C(E)도 1/4이며, C(A&E) = C(A&B) = 1/4이고 C(~A&E) = C(~A&B) = 1/4이기 때문이다.

새 정보 E로 명제 A↔B가 주어지면 명제 집합 {A, ~A, B, ~B} 안 모든 명제에 대해 C(X&E) = C(X)C(E)가 성립한다. 이 경우 새 정보 A↔B는 명제 집합 {A, ~A, B, ~B}의 믿음직함을 아예 바꾸지 못한다. 마찬가지로 명제 집합 {A, ~A, A↔B, A↔~B}에 B 또는 ~B가 새 정보 E로 주어지면 이 명제 집합 안 모든 X와 새 정보 E에 대해 C(X|E) = C(X)가 성립한다. 또한 마찬가지로 명제 집합 {B, ~B, A↔B, A↔~B}에 A 또는 ~A가 새 정보 E로 주어지면 이 명제 집합 안 모든 X와 새 정보 E에 대해 C(X|E) = C(X)가 성립한다. 새 정보 A나 ~A는 명제 집합 {B, ~B, A↔B, A↔~B}의 믿음직함을 아예 바꾸지 못한다. 하지만 바탕명제 A와 B 사이에 논리 관계가 있어서 각 명제에 믿음직함을 다르게 매겼다면 이 같은 이야기가 성립하지 않는다.

새 정보 E가 주어진 다음에도 조건부 믿음직함 C(X|Y)가 바뀌지 않는 상황을 생각하려 한다. 아래에서 새로 정의하는 무관함은 새 정보가 조건부 믿음직함 자체를 바꾸지 않는 무관함이다.

D03. "E는 C(X|Y)와 무관하다"는 "C(X|Y&E) = C(X|Y)"를 뜻한다.

"C(X|Y&E) = C(X|Y)"에서 Y 자리에 E를 넣으면 "C(X|E&E) = C(X|E)"인데 이것은 언제나 성립한다. 결국 "무관"의 정의에 따르면 E는 C(X|E)와 무관하다. 이것은 사실 단순 안정화 원리 또는 단순 고정성 원리가 말하는 바와 같다.

단순 안정화 원리: E는 C(X|E)와 무관하다.

만일 정보 E가 이미 입수되었다면 $C_E(X|E)$ = C(X|E&E) = C(X|E)이다. 이는 E가 C(X|E)와 무관함을 뜻한다.

이제 다음 정리를 증명하고자 한다.

T19. E는 C(X|Y)와 무관하다. ⇔ C(X&E|Y) = C(X|Y)C(E|Y)

이 증명은 두 가지를 증명해야 한다. (i) 'C(X|Y&E) = C(X|Y)면 반드시 C(X&E|Y) = C(X|Y)C(E|Y)'를 증명한다. (i)의 이면 앞말 'C(X|Y&E) = C(X|Y)'를 가정한다. 이 경우

C(X|Y)C(E|Y) = C(X|Y&E)C(E|Y)

= {C(X&Y&E)/C(Y&E)}{C(E&Y)/C(Y)}

= C(X&Y&E)/C(Y) = C(X&E|Y)

곧 C(X|Y)C(E|Y) = C(X&E|Y). 이는 (i)의 이면 뒷말이다. 따라서 C(X|Y&E) = C(X|Y)면 반드시 C(X&E|Y) = C(X|Y)C(E|Y). 그다음 (ii) C(X&E|Y) = C(X|Y)C(E|Y)면 반드시 C(X|Y&E) = C(X|Y). 이면 앞말 C(X&E|Y) = C(X|Y)C(E|Y)를 가정한다. 이로부터

C(X|Y) = C(X&E|Y)/C(E|Y)

= {C(X&Y&E)/C(Y)}{C(E&Y)/C(Y)}

= C(X&Y&E)/C(E&Y) = C(X|Y&E)

곧 C(X|Y) = C(X|Y&E). 이는 (ii)의 이면 뒷말이다. 따라서 C(X&E|Y) = C(X|Y)C(E|Y)면 반드시 C(X|Y&E) = C(X|Y).

정리 T19에 따르면 "새 증거 E는 C(X|Y)와 무관하다"는 "C(X|Y&E) = C(X|Y)"를 뜻하며 이는 "C(X&E|Y) = C(X|Y)C(E|Y)"를 뜻한다. 우리는 다음도 증명할 수 있다.

T20. E는 C(X|Y)와 무관하다. ⇔ E의 부정은 C(X|Y)와 무관하다.

T21. E는 C(X|Y)와 무관하다. ⇔ C(X|Y&E) = C(X|Y&~E)

여기서 함수 C는 E를 알기 전 믿음직함 함수다. 정리 T20을 증명한다. 먼저 (i) 'E가 C(X|Y)와 무관하면 반드시 E의 부정

은 C(X|Y)와 무관하다'를 증명한다. 이면 앞말 'E는 C(X|Y)와 무관하다'를 가정한다. 이 경우 정리 T19에 따라 C(X&E|Y) = C(X|Y)C(E|Y). 정리 T09에 따라 C(~E|Y) = 1 – C(E|Y). X는 'X&E'∨'X&~E'와 논리 동치고 X&E와 X&~E는 함께 참일 수 없기에 C(X|Y) = C(X&E|Y) + C(X&~E|Y). 따라서

$$C(X\&\sim E|Y) = C(X|Y) - C(X\&E|Y)$$
$$= C(X|Y) - C(X|Y)C(E|Y)$$
$$= C(X|Y)\{1 - C(X|Y)\} = C(X|Y)C(\sim E|Y)$$

정리 T19와 정의 D03에 따라 ~E는 C(X|Y)와 무관하다. 이는 (i)의 이면 뒷말이다. 따라서 E가 C(X|Y)와 무관하면 반드시 E의 부정은 C(X|Y)와 무관하다. (ii) 'E의 부정이 C(X|Y)와 무관하년 반드시 E는 C(X|Y)와 무관하다'를 증명한다. 이미 증명된 (i)에 따라 E의 부정이 C(X|Y)와 무관하면 반드시 E의 부정의 부정은 C(X|Y)와 무관하다. E의 부정의 부정은 E와 뜻이 같기에 저절로 (ii)가 증명된다.

　　정리 T21을 증명한다. (i) 'E가 C(X|Y)와 무관하면 C(X|Y&E) = C(X|Y&~E)'를 증명한다. E가 C(X|Y)와 무관하면 T19에 따라 C(X|Y&E) = C(X|Y). 또한 E가 C(X|Y)와 무관하면 T20에 따라 E의 부정이 C(X|Y)와 무관하다. 이 경우 C(X|Y&~

E) = C(X|Y). 결국 C(X|Y&E) = C(X|Y) = C(X|Y&~E). 따라서 E가 C(X|Y)와 무관하면 C(X|Y&E) = C(X|Y&~E). (ii) 'C(X|Y&E) = C(X|Y&~E)면 E는 C(X|Y)와 무관하다'를 증명한다. 이면 앞말 C(X|Y&E) = C(X|Y&~E)를 가정한다.

C(X|Y&E) = C(X&Y&E)/C(Y&E)

= C(X&E|Y)C(Y)/C(E|Y)C(Y) = C(X&E|Y)/C(E|Y)

또한

C(X|Y&~E) = C(X&~E|Y)/C(~E|Y)

= {C(X|Y) – C(X&E|Y)}/{1 – C(E|Y)}

결국 C(X&E|Y)/C(E|Y) = {C(X|Y) – C(X&E|Y)}/{1 – C(E|Y)}. 이를 간추리면 C(X&E|Y) = C(X|Y)C(E|Y). 이 경우 정리 T19에 따라 X는 E는 C(X|Y)와 무관하다. 이는 (ii)의 이면 뒷말이다. 따라서 C(X|Y&E) = C(X|Y&~E)면 E는 C(X|Y)와 무관하다.

정리 T19, T20, T21을 함께 간추리면 다음과 같다.

E는 C(X|Y)와 무관하다. ⇔ C(X&E|Y) = C(X|Y)C(E|Y)

⇔ C(X|Y&E) = C(X|Y) ⇔ C(X|Y&~E) = C(X|Y)

⇔ C(X|Y&E) = C(X|Y&~E)

여기서 "C(X|Y&E) = C(X|Y)"는 정보 E를 알더라도 조건부 믿음직함 C(X|Y)가 바뀌지 않음을 말한다. 또한 "C(X&E|Y) = C(X|Y)C(E|Y)"는 Y를 새로 안 다음에는 X와 E가 무관함을 말한다. "C(X|Y&E) = C(X|Y&~E)"는 정보 E가 참임을 알든 거짓임을 알든 C(X|Y)가 똑같음을 말한다. 따라서 만일 정보 E를 알더라도 조건부 믿음직함 C(X|Y)가 바뀌지 않거나, 명제 Y를 새로 안 다음에는 X와 E가 무관하거나, 정보 E가 참임을 알든 거짓임을 알든 C(X|Y)가 똑같다면, 새 정보 E는 조건부 믿음직함 C(X|Y)와 무관하다.

나아가 우리는 다음 정리를 간단히 증명할 수 있다.

T22.1. X가 Y 및 Y&E와 각각 무관하면 반드시 E는 C(X|Y)와 무관하다.

T22.2. Y가 X, E, X&E와 각각 무관하면 반드시 E는 C(X|Y)와 무관하다.

T22.3. E가 Y 및 X&Y와 각각 무관하면 반드시 E는 C(X|Y)와 무관하다.

T22.4. Y로부터 X가 따라 나오거나 'X는 거짓이다'가 따라 나오면 반드시 E는 C(X|Y)와 무관하다.

T22.5. Y로부터 E가 따라 나오면 반드시 E는 C(X|Y)와 무관하다.

정리 T22.1과 T22.2는 곧바로 증명된다. X가 Y 및 Y&E와 각각 무관하면 C(X|Y) = C(X)고 C(X|Y&E) = C(X). 이 경우 C(X|Y&E) = C(X) = C(X|Y). 이 경우 T20을 써서 C(X|Y)가 E와 무관함을 알 수 있다. Y가 X, E, X&E와 각각 무관하면 C(X&E|Y) = C(X&E)고 C(X|Y) = C(X)며 C(E|Y) = C(E). 이 경우 C(X&E|Y) = C(X&E) = C(X)C(E) = C(X|Y)C(E|Y). 이 경우 T19를 써서 E는 C(X|Y)와 무관함을 알 수 있다.

그다음 정리 T22.3을 증명한다. 정보 E가 Y 및 X&Y와 각각 무관하면 C(Y|E) = C(Y)고 C(X&Y|E) = C(X&Y). 따라서

C(X|Y&E) = C(X&Y&E)/C(Y&E)

= C(X&Y|E)C(E)/C(Y|E)C(E) = C(X&Y)/C(Y) = C(X|Y)

결국 C(X|Y&E) = C(X|Y)이니 정리 T19에 따라 E는 C(X|Y)와 무관하다. 정리 T22.4는 자명하다. Y로부터 X가 따라 나오면 C(X|Y)는 1이고 C(X|Y&E)도 1이다. Y로부터 'X는 거짓이다'가 따라 나오면 C(X|Y)는 0이고 C(X|Y&E)도 0이다. 정리 T22.5도 자명하다. Y로부터 E가 따라 나오면 Y와 Y&E는 서로 따라 나온다. 정리 T16에 따라 C(X|Y&E) = C(X|Y)고 이는 정리 T19에 따르면 E는 C(X|Y)와 무관함을 뜻한다.

명제마당 PF[16]에서 새 정보가 조건부 믿음직함을 어

떻게 바꾸는지 살펴보려 한다. 이 마당에서 Y를 안 다음 X의 믿음직함 $C_0(X|Y)$는 앞에서 만들었다. 이제 명제 $A \vee B$가 새 정보로 주어진다고 가정한다. 이는 가능세계를 W123에 국한해서 믿음직함을 셈하는 인식 상황과 같다. 이 인식 상황을 EC_1이라 하고 이때의 믿음직함 함수를 C_1이라 하면 명제마당 PF[16] 안 명제들의 믿음직함은 다음처럼 바뀐다.

$C_1(T_o)$ = $C_1(W123) = 1$	$C_1(A \vee B)$ = $C_1(W123) = 1$	$C_1(A \vee \sim B)$ = $C_1(W12) = 2/3$	$C_1(A)$ = $C_1(W12) = 2/3$
$C_1(\sim A \vee B)$ = $C_1(W13) = 2/3$	$C_1(B)$ = $C_1(W13) = 2/3$	$C_1(A \leftrightarrow B)$ = $C_1(W1) = 1/3$	$C_1(A \& B)$ = $C_1(W1) = 1/3$
$C_1(\sim A \vee \sim B)$ = $C_1(W23) = 2/3$	$C_1(A \leftrightarrow \sim B)$ = $C_1(W23) = 2/3$	$C_1(\sim B)$ = $C_1(W2) = 1/3$	$C_1(A \& \sim B)$ = $C_1(W2) = 1/3$
$C_1(\sim A)$ = $C_1(W3) = 1/3$	$C_1(\sim A \& B)$ = $C_1(W3) = 1/3$	$C_1(\sim A \& \sim B)$ = $C_1(\emptyset) = 0$	$C_1(F_o)$ = $C_1(\emptyset) = 0$

이렇게 바뀐 인식 상황에서 Y를 안 다음 X의 믿음직함 $C_1(X|Y)$는 다음과 같다. $\sim A \& \sim B$는 거짓이기에 Y가 $\sim A \& \sim B$인 경우는 조건부 믿음직함을 매길 수 없다.

X \ Y	$A \vee B$	$A \vee \sim B$	$\sim A \vee B$	$\sim A \vee \sim B$	A	$\sim A$	B	$\sim B$	$A \leftrightarrow B$	$A \leftrightarrow \sim B$	$A \& B$	$A \& \sim B$	$\sim A \& B$
$A \vee B$	**1**	1	1	1	**1**	1	**1**	1	1	**1**	1	1	1
$A \vee \sim B$	**2/3**	1	1/2	1/2	**1**	0	**1/2**	1	1	**1/2**	1	1	0
$\sim A \vee B$	**2/3**	1/2	1	1/2	**1/2**	1	**1**	0	1	**1/2**	1	0	1
$\sim A \vee \sim B$	**2/3**	1/2	1/2	1	**1/2**	1	**1/2**	1	0	**1**	0	1	1
A	**2/3**	1	1/2	1/2	**1**	0	**1/2**	1	0	**1/2**	1	1	0

~A	**1/3**	0	1/2	1/2	**0**	1	**1/2**	0	1	**1/2**	0	0	1
B	**2/3**	1/2	1	1/2	**1/2**	1	**1**	0	0	**1/2**	1	0	1
~B	**1/3**	1/2	0	1/2	**1/2**	0	**0**	1	0	**1/2**	0	1	0
A↔B	**1/3**	1/2	1/2	0	**1/2**	0	**1/2**	0	1	0	0	1	0
A↔~B	**2/3**	1/2	1/2	1	**1/2**	1	**1/2**	1	0	1	0	1	1
A&B	**1/3**	1/2	1/2	**0**	**1/2**	0	**1/2**	0	1	0	1	0	0
A&~B	**1/3**	1/2	0	1/2	**1/2**	0	0	1	0	**1/2**	0	1	0
~A&B	**1/3**	0	1/2	1/2	**0**	1	**1/2**	0	0	**1/2**	0	0	1
~A&~B	0	0	0	0	0	0	0	0	0	0	0	0	0

인식 상황이 EC_0에서 EC_1로 바뀔 때 믿음직함 $C(X|Y)$가 바뀌지 않는 곳은 굵은 글씨로 나타내었고 0과 1 사이 값은 잿빛 바탕으로 나타내었다.

조건부 믿음직함 $C_0(X|Y)$와 $C_1(X|Y)$가 똑같은 명제들 짝 일부를 따로 모아보겠다.

X \ Y	A∨B	A	B	A↔~B
A∨B	1	1	1	1
A∨~B	2/3	1	1/2	1/2
~A∨B	2/3	1/2	1	1/2
~A∨~B	2/3	1/2	1/2	1
A	2/3	1	1/2	1/2
~A	1/3	0	1/2	1/2
B	2/3	1/2	1	1/2
~B	1/3	1/2	0	1/2
A↔B	1/3	1/2	1/2	0

A↔~B	2/3	1/2	1/2	1
A&B	1/3	1/2	1/2	0
A&~B	1/3	1/2	0	1/2
~A&B	1/3	0	1/2	1/2
~A&~B	0	0	0	0

이들 명제에 대해 $C_0(X|Y\&E) = C_0(X|Y)$가 성립한다. 여기서 E는 새 정보 A∨B다.

보기를 들어 Y 자리에 A↔~B를 넣으면 Y&E는 'A↔~B'&'A∨B'이고 이는 Y 곧 A↔~B와 같다. 아무 명제 X에 대해 $C_0(X|'A↔~B'\&E) = C_0(X|A↔~B)$가 성립한다. 사실 Y 자리에 올 만한 명제들 {A∨B, A, B, A↔~B}는 다들 새 정보 A∨B를 함축한다. 명제 Y로부터 새 정보 E가 따라 나온다면 정리 T21.5에 따라 C(X|Y)는 정보 E와 무관하다. $C_0(X|Y)$가 처음부터 0 또는 1인 경우는 Y로부터 X가 따라 나오거나 'X는 거짓이다'가 따라 나오는 경우다. 정리 T21.4에 따라 C(X|Y)는 E와 무관하다. 실제 이 경우 $C_0(X|Y\&E)$도 각각 0 또는 1이다.

0303. 안정화 원리

바탕명제 A와 B로 생성된 명제마당 PF[16]이 우리에게 주어졌다. A와 B 사이에 논리 관계가 아예 없으며 처음에 우리는 A와 B의 내용을 아예 모른다. 처음의 이 인식 상황을 EC_0이라 하고 이때의 믿음직함 함수를 C_0이라 하겠다. 우리는 EC_0에서 명제마당 PF[16]의 명제에 다음처럼 믿음직함을 매긴다.

$C_0(T_o) =$ $C_0(W1234) = 1$	$C_0(A \vee B) =$ $C_0(W123) = 3/4$	$C_0(A \vee \sim B) =$ $C_0(W124) = 3/4$	$C_0(A) =$ $C_0(W12) = 1/2$
$C_0(\sim A \vee B) =$ $C_0(W134) = 3/4$	$C_0(B) =$ $C_0(W13) = 1/2$	$C_0(A \leftrightarrow B) =$ $C_0(W14) = 1/2$	$C_0(A \& B) =$ $C_0(W1) = 1/4$
$C_0(\sim A \vee \sim B) =$ $C_0(W234) = 3/4$	$C_0(A \leftrightarrow \sim B) =$ $C_0(W23) = 1/2$	$C_0(\sim B) =$ $C_0(W24) = 1/2$	$C_0(A \& \sim B) =$ $C_0(W2) = 1/4$
$C_0(\sim A) =$ $C_0(W34) = 1/2$	$C_0(\sim A \& B) =$ $C_0(W3) = 1/4$	$C_0(\sim A \& \sim B) =$ $C_0(W4) = 1/4$	$C_0(F_o) =$ $C_0(\varnothing) = 0$

원래 $C_0(A)$와 $C_0(\sim A)$는 똑같이 1/2이었는데 A가 참이라는 믿음직함이 조금 더 높아지면 다른 믿음직함은 어떻게 되는가? 인식 상황이 바뀌어 $C(A)$는 2/3로 높아지고 $C(\sim A)$는 1/3로 낮아졌다고 가정하겠다. 인식 상황이 이렇게 바뀐 까닭은 모종의 새 정보 때문일 수 있고 배경정보의 변화 때문일 수도 있다. 바뀐 인식 상황을 EC_1이라 하고 이때의 믿음직함 함수

를 C_1이라 하겠다.

바뀐 인식 상황 EC_1을 가능세계를 써서 표현할 수 있다. 우리는 A가 참인 세계 W_1과 W_2를 생각했고 A가 거짓인 세계 W_3과 W_4를 생각했다. 이제 A가 참인 세계 W_5와 W_6을 추가한다. 이 경우 전체 6가지 가능세계 가운데 네 가지 세계에서 A가 참이고 두 가지 세계에서 A는 거짓이다. 가능세계 W_5와 W_6에서 B의 참값은 어떻게 되는가? A의 참값이 B의 참값에 영향을 주지 않으려면 또는 A와 B가 서로 무관하려면 한 세계에서 B는 참이고 다른 세계에서 B는 거짓이어야 한다. W_5에서 B의 참값은 참이고 W_6에서 B의 참값은 거짓이라 가정한다.

인식 상황 EC_1에서 명제마당 $PF^{[16]}$의 믿음직함은 다음과 같이 바뀐다.

$C_1(T_o)=$ $C_1(W123456)=1$	$C_1(A \vee B)=$ $C_1(W12356)=5/6$	$C_1(A \vee \sim B)=$ $C_1(W12456)=5/6$	$C_1(A)=$ $C_1(W1256)=2/3$
$C_1(\sim A \vee B)=$ $C_1(W1345)=2/3$	$C_1(B)$ $=C_1(W135)=1/2$	$C_1(A \leftrightarrow B)=$ $C_1(W145)=1/2$	$C_1(A \& B)=$ $C_1(W15)=1/3$
$C_1(\sim A \vee \sim B)=$ $C_1(W2346)=2/3$	$C_1(A \leftrightarrow \sim B)=$ $C_1(W236)=1/2$	$C_1(\sim B)=$ $C_1(W246)=1/2$	$C_1(A \& \sim B)=$ $C_1(W26)=1/3$
$C_1(\sim A)=$ $C_1(W34)=1/3$	$C_1(\sim A \& B)=$ $C_1(W3)=1/6$	$C_1(\sim A \& \sim B)=$ $C_1(W4)=1/6$	$C_1(F_o)=$ $C_1(\varnothing)=0$

이 믿음직함 값에 아무 문제가 없는지 몇 가지를 점검한다. 먼저 C(A&B) + C(A&~B) + C(~A&B) + C(~A&~B)는 1이어야 한다. 이를 각각 셈하여 더하면 1/3 + 1/3 + 1/6 + 1/6 = 1. 'C(A∨B) = C(A) + C(B) – C(A&B)'가 성립해야 하는데 참말로 '5/6 = 2/3 + 1/2 – 1/3'이다.

처음에 $C_처(E)$가 1이 아니었지만 나중에 $C_나(E)$가 1로 바뀐 상황에서 아무 명제 X의 믿음직함 $C_나(X)$는 $C_나(X|E)$ = $C_처(X|E)$ = $C_처(X\&E)/C_처(E)$로 바꾼다. 이를 알려주는 규칙은 베이즈 공리 곧 단순 조건화다. 그렇다면 각각 1이 아니었던 $C_처(E)$와 $C_처(\sim E)$가 각각 $C_나(E)$와 $C_나(\sim E)$로 바뀌었다면 명제 X의 믿음직함 $C_나(X)$는 어떻게 바뀌어야 하는가? 우리는 이를 알려주는 규칙을 찾고 싶다. 잘 알다시피 E&~E는 거짓이고 E∨~E는 참이다. 이 때문에 어느 인식 상황에서든 $C_처(E\vee\sim E)$ = $C_나(E\vee\sim E)$ = 1. 이는 분할집합이 갖는 특성이다. 정의 D01에서 정의했듯이 한 명제 집합 $\{E_1, E_2\}$가 분할집합임은 다음을 뜻한다. 첫째 $E_1\&E_2$는 참일 수 없다. 둘째 $E_1\vee E_2$는 참이다. 이제 분할집합 안 분할명제의 믿음직함이 바뀐 인식 상황에서 명제 X의 믿음직함 C(X)가 어떻게 바뀌어야 하는지를 알려주는 규칙을 찾아보겠다.

먼저 우리는 일반화된 안정화 원리를 가정한다.

안정화 원리: 한 분할집합 {E_1, E_2}의 믿음직함이 달라짐으로써 믿음직함 함수가 $C_처$에서 $C_나$로 바뀌었다면 $C_처(X|E_1)$ = $C_나(X|E_1)$이며 $C_처(X|E_2)$ = $C_나(X|E_2)$.

이를 보통 "일반 고정성 원리"라 한다. 이 원리에서 주의해야 할 점이 있다. 믿음직함 함수가 $C_처$에서 $C_나$로 바뀌는 인식 상황 변화는 명제 E_1이 새 정보로 주어진 상황이 아니며 명제 E_2가 새 정보로 주어진 상황도 아니다. 이 때문에 이 원리는 $C_나(X)$ = $C_처(X|E_1)$이나 $C_나(X)$ = $C_처(X|E_2)$를 가정하지 않는다. 안정화 원리는 더 일반화된 분할집합 {E_1, E_2, E_3, ⋯, E_n}으로 확장될 수 있다. 정리 T10에 따르면 분할집합 {E_1, E_2}에 대해 다음이 성립한다.

T10. {E_1, E_2}가 분할집합이면 $C(X)$ = $C(X|E_1)C(E_1)$ + $C(X|E_2)C(E_2)$

이 정리에 따르면 다음이 성립한다.

$C_나(X)$ = $C_나(X|E_1)C_나(E_1)$ + $C_나(X|E_2)C_나(E_2)$

안정화 원리에 따르면 분할집합 {E_1, E_2}의 믿음직함이 바뀌었더라도 믿음직함 $C(X|E_1)$과 $C(X|E_2)$는 이미 안정화되어 바뀌

지 않는다. 곧 C처(X|E$_1$) = C나(X|E$_1$)이며 C처(X|E$_2$) = C나(X|E$_2$). 이를 앞 식에 넣어

$$C나(X) = C처(X|E_1)C나(E_1) + C처(X|E_2)C나(E_2)$$

를 얻는다.

미국 철학자 리처드 칼 제프리[1926-2002]는 1965년에 출판된 『결심의 논리』에서 분할집합 안 명제들의 믿음직함이 바뀌었을 때 다른 명제들의 믿음직함이 다음처럼 바뀐다고 제안했다. 이를 "제프리 조건화"라 하는데 짧게 JC로 쓰겠다.

JC. 한 분할집합 $\{E_1, E_2\}$의 믿음직함이 처음에 C처(E_1)과 C처(E_2)에서 나중에 각각 C나(E_1)과 C나(E_2)로 바뀌면 명제 X의 믿음직함은 다음처럼 바뀐다. C나(X) = C처(X|E_1)C나(E_1) + C처(X|E_2)C나(E_2)

제프리 조건화는 더 일반화된 분할집합 $\{E_1, E_2, E_3, \cdots, E_n\}$으로 확장될 수 있다. 분할집합 $\{E_1, E_2, E_3, \cdots, E_n\}$의 믿음직함이 처음에 C처($E_i$)에서 나중에 각각 C나($E_i$)로 바뀌면 C나(X) = $\sum_{i=1}^{n}$ C처(X|E_i)C나(E_i).

제프리 조건화가 말하는 바는 분명하다. 분할집합 $\{E_1, E_2\}$의 믿음직함이 처음에 C처(E_1)과 C처(E_2)에서 나중에 각각

C내(E₁)과 C내(E₂)로 바뀌었다고 하겠다. 여기서 E_1과 E_2 가운데 적어도 하나는 참이고 둘 모두 참일 수는 없다. 이 때문에 E_1이 참임을 안 다음에 X의 믿음직함은 C쳐(X|E₁)만큼 바뀌고 E_2가 참임을 안 다음에 X의 믿음직함은 C쳐(X|E₂)만큼 바뀐다. 나중 인식 상황에서도 우리는 E_1이 참인지 E_2가 참인지 여전히 모르는 상황이다. 하지만 나중 인식 상황에서는 C내(E₁)만큼 가능성으로 X의 믿음직함은 C쳐(X|E₁)이고 C내(E₂)만큼 가능성으로 X의 믿음직함은 C쳐(X|E₂)이다. 이 때문에 나중 인식 상황에서 X의 믿음직함 C내(X)는 C쳐(X|E₁)C내(E₁) + C쳐(X|E₂)C내(E₂)여야 할 것 같다. 이것이 제프리 조건화다.

안정화 원리로부터 제프리 조건화가 반드시 따라 나온다. 또한 제프리 조건화로부터 안정화 원리가 반드시 따라 나온다. 이를 정리 T23으로 삼겠다.

T23. 안정화 원리가 참일 때 오직 그때만 반드시 제프리 조건화는 참이다.

우리는 안정화 원리가 참이면 반드시 제프리 조건화가 참임을 이미 증명했다. 제프리 조건화가 참이면 반드시 안정화 원리가 참임을 증명하겠다. 먼저 제프리 조건화를 가정한다. 분할집합 {E_1, E_2}의 믿음직함이 처음에 C쳐(E₁)과 C쳐(E₂)에서 나

중에 각각 $C_나(E_1)$과 $C_나(E_2)$로 바뀌었다고 가정한다. 이 경우 제프리 조건화에 따라

$$C_나(X) = C_처(X|E_1)C_나(E_1) + C_처(X|E_2)C_나(E_2)$$

가 성립한다. 또한 다음 두 관계식이 성립한다. 둘째 식은 $E_1 \& E_2$가 거짓이라는 사실을 썼다.

$$C_처(X \& E_1|E_1) = C_처(X \& E_1)/C_처(E_1) = C_처(X|E_1)$$
$$C_처(X \& E_1|E_2) = C_처(X \& E_1 \& E_2)/C_처(E_2) = 0$$

제프리 조건화는 아무 명제에 성립해야 하기에 X 자리에 $X \& E_1$을 넣어도 성립한다.

$$C_나(X \& E_1) = C_처(X \& E_1|E_1)C_나(E_1) + C_처(X \& E_1|E_2)C_나(E_2) = C_처(X|E_1)C_나(E_1).$$

이로부터 $C_처(X|E_1) = C_나(X \& E_1)/C_나(E_1) = C_나(X|E_1)$을 얻는다. 곧 $C_처(X|E_1) = C_나(X|E_1)$. 마찬가지로 $C_처(X|E_2) = C_나(X|E_2)$. 이는 안정화 원리가 말하는 바다. 따라서 제프리 조건화가 참이면 반드시 안정화 원리도 참이다.

명제마당 $PF^{[16]}$에서 이를 점검하겠다. 분할집합 $\{A, \sim A\}$에 대해 인식 상황 EC_0에서 $C_0(A)$와 $C_0(\sim A)$는 1/2이지만 인식

상황 EC_1에서 $C_1(A)$는 2/3로 높아지고 $C_1(\sim A)$는 1/3로 낮아지는 인식 상황 변화를 가정했다. 먼저 안정화 원리가 성립하는지 살펴본다. E_1은 A고 E_2는 ~A다. 각 명제 X에 대해 $C_0(X|A)$와 $C_0(X|\sim A)$를 셈하면 다음과 같다.

X \ E		$E_1 = A$	$E_1 = \sim A$
$A \vee B$	3/4	$C_0(A \vee B \mid A) = 1$	$C_0(A \vee B \mid \sim A) = 1/2$
$A \vee \sim B$	3/4	$C_0(A \vee \sim B \mid A) = 1$	$C_0(A \vee \sim B \mid \sim A) = 1/2$
$\sim A \vee B$	3/4	$C_0(\sim A \vee B \mid A) = 1/2$	$C_0(\sim A \vee B \mid \sim A) = 1$
$\sim A \vee \sim B$	3/4	$C_0(\sim A \vee \sim B \mid A) = 1/2$	$C_0(\sim A \vee \sim B \mid \sim A) = 1$
A	1/2	$C_0(A \mid A) = 1$	$C_0(A \mid \sim A) = 0$
~A	1/2	$C_0(\sim A \mid A) = 0$	$C_0(\sim A \mid \sim A) = 1$
B	1/2	$C_0(B \mid A) = 1/2$	$C_0(B \mid \sim A) = 1/2$
~B	1/2	$C_0(\sim B \mid A) = 1/2$	$C_0(\sim B \mid \sim A) = 1/2$
$A \leftrightarrow B$	1/2	$C_0(A \leftrightarrow B \mid A) = 1/2$	$C_0(A \leftrightarrow B \mid \sim A) = 1/2$
$A \leftrightarrow \sim B$	1/2	$C_0(A \leftrightarrow \sim B \mid A) = 1/2$	$C_0(A \leftrightarrow \sim B \mid \sim A) = 1/2$
A&B	1/4	$C_0(A \& B \mid A) = 1/2$	$C_0(A \& B \mid \sim A) = 0$
A&~B	1/4	$C_0(A \& \sim B \mid A) = 1/2$	$C_0(A \& \sim B \mid \sim A) = 0$
~A&B	1/4	$C_0(\sim A \& B \mid A) = 0$	$C_0(\sim A \& B \mid \sim A) = 1/2$
~A&~B	1/4	$C_0(\sim A \& \sim B \mid A) = 0$	$C_0(\sim A \& \sim B \mid \sim A) = 1/2$

그다음 각 명제 X에 대해 $C_1(X|A)$와 $C_1(X|\sim A)$를 셈하면 다음과 같다.

X	E	$E_1 = A$	$E_2 = \sim A$
$A \vee B$	5/6	$C_1(A \vee B|A) = 1$	$C_1(A \vee B|\sim A) = 1/2$
$A \vee \sim B$	5/6	$C_1(A \vee \sim B|A) = 1$	$C_1(A \vee \sim B|\sim A) = 1/2$
$\sim A \vee B$	2/3	$C_1(\sim A \vee B|A) = 1/2$	$C_1(\sim A \vee B|\sim A) = 1$
$\sim A \vee \sim B$	2/3	$C_1(\sim A \vee \sim B|A) = 1/2$	$C_1(\sim A \vee \sim B|\sim A) = 1$
A	2/3	$C_1(A|A) = 1$	$C_1(A|\sim A) = 0$
$\sim A$	1/3	$C_1(\sim A|A) = 0$	$C_1(\sim A|\sim A) = 1$
B	1/2	$C_1(B|A) = 1/2$	$C_1(B|\sim A) = 1/2$
$\sim B$	1/2	$C_1(\sim B|A) = 1/2$	$C_1(\sim B|\sim A) = 1/2$
$A \leftrightarrow B$	1/2	$C_1(A \leftrightarrow B|A) = 1/2$	$C_1(A \leftrightarrow B|\sim A) = 1/2$
$A \leftrightarrow \sim B$	1/2	$C_1(A \leftrightarrow \sim B|A) = 1/2$	$C_1(A \leftrightarrow \sim B|\sim A) = 1/2$
$A \& B$	1/3	$C_1(A \& B|A) = 1/2$	$C_1(A \& B|\sim A) = 0$
$A \& \sim B$	1/3	$C_1(A \& \sim B|A) = 1/2$	$C_1(A \& \sim B|\sim A) = 0$
$\sim A \& B$	1/6	$C_1(\sim A \& B|A) = 0$	$C_1(\sim A \& B|\sim A) = 1/2$
$\sim A \& \sim B$	1/6	$C_1(\sim A \& \sim B|A) = 0$	$C_1(\sim A \& \sim B|\sim A) = 1/2$

이처럼 명제마당 PF[16] 안 모든 명제에 대해 $C_0(X|A) = C_1(X|A)$ 및 $C_0(X|\sim A) = C_1(X|\sim A)$가 성립한다. 당연히 아무 명제 X에 대해 $C_1(X) = C_0(X|A)C_1(A) + C_0(X|\sim A)C_1(\sim A)$가 성립한다. 보기를 들어 $C_1(A \vee B)$는 $C_0(A \vee B|A)C_1(A) + C_0(A \vee B|\sim A)C_1(\sim A)$다. 여기서 $C_0(A \vee B|A)$는 1이고 $C_0(A \vee B|\sim A)$는 1/2이다. 따라서 $C_1(A \vee B) = (2/3)(1) + (1/3)(1/2) = 5/6$다.

집합 {B,~B}도 분할집합인데 인식 상황 EC_0에서 EC_1로 바뀔 때 C(B)와 C(~B)는 바뀌지 않고 그대로 1/2이다. B

를 E_1로 삼고 ~B를 E_2로 삼은 뒤 각 명제 X에 대해 $C_0(X|E_i)$와 $C_1(X|E_i)$가 같은지 살펴보려 한다. 먼저 $C_0(X|B)$와 $C_0(X|\sim B)$를 셈하면 다음과 같다.

X \ E		$E_1 = B$	$E_2 = \sim B$
$A \lor B$	3/4	$C_0(A \lor B|B) = 1$	$C_0(A \lor B|\sim B) = 1/2$
$A \lor \sim B$	3/4	$C_0(A \lor \sim B|B) = 1/2$	$C_0(A \lor \sim B|\sim B) = 1$
$\sim A \lor B$	3/4	$C_0(\sim A \lor B|B) = 1$	$C_0(\sim A \lor B|\sim B) = 1/2$
$\sim A \lor \sim B$	3/4	$C_0(\sim A \lor \sim B|B) = 1/2$	$C_0(\sim A \lor \sim B|\sim B) = 1$
A	1/2	$C_0(A|B) = 1/2$	$C_0(A|\sim B) = 1/2$
~A	1/2	$C_0(\sim A|B) = 1/2$	$C_0(\sim A|\sim B) = 1/2$
B	1/2	$C_0(B|B) = 1$	$C_0(B|\sim B) = 0$
~B	1/2	$C_0(\sim B|B) = 0$	$C_0(\sim B|\sim B) = 1$
A&B	1/4	$C_0(A \& B|B) = 1/2$	$C_0(A \& B|\sim B) = 0$
A&~B	1/4	$C_0(A \& \sim B|B) = 0$	$C_0(A \& \sim B|\sim B) = 1/2$
~A&B	1/4	$C_0(\sim A \& B|B) = 1/2$	$C_0(\sim A \& B|\sim B) = 0$
~A&~B	1/4	$C_0(\sim A \& \sim B|B) = 0$	$C_0(\sim A \& \sim B|\sim B) = 1/2$

그다음 $C1(X|B)$와 $C1(X|\sim B)$를 셈하면 다음과 같다.

X \ E		$E_1 = B$	$E_2 = \sim B$
$A \lor B$	5/6	$C_1(A \lor B|B) = 1$	$C_1(A \lor B|\sim B) = 2/3$
$A \lor \sim B$	5/6	$C_1(A \lor \sim B|B) = 2/3$	$C_1(A \lor \sim B|\sim B) = 1$
$\sim A \lor B$	2/3	$C_1(\sim A \lor B|B) = 1$	$C_1(\sim A \lor B|\sim B) = 1/3$
$\sim A \lor \sim B$	2/3	$C_1(\sim A \lor \sim B|B) = 1/3$	$C_1(\sim A \lor \sim B|\sim B) = 1$
A	2/3	$C_1(A|B) = 2/3$	$C_1(A|\sim B) = 2/3$
~A	1/3	$C_1(\sim A|B) = 1/3$	$C_1(\sim A|\sim B) = 1/3$

B	1/2	$C_1(B|B) = 1$	$C_1(B|\sim B) = 0$
$\sim$B	1/2	$C1(\sim B|B) = 0$	$C_1(\sim B|\sim B) = 1$
A&B	1/3	$C_1(A\&B|B) = 2/3$	$C_1(A\&B|\sim B) = 0$
A&$\sim$B	1/3	$C_1(A\&\sim B|B) = 0$	$C_1(A\&\sim B|\sim B) = 2/3$
$\sim$A&B	1/6	$C_1(\sim A\&B|B) = 1/3$	$C_1(\sim A\&B|\sim B) = 0$
$\sim$A&$\sim$B	1/6	$C_1(\sim A\&\sim B|B) = 0$	$C_1(\sim A\&\sim B|\sim B) = 1/3$

이처럼 분할집합 {B, ~B}의 경우 "$C_0(X|E_i) = C_1(X|E_i)$"가 성립하지 않는다. 이 경우 명제 X에 대해 $C_1(X) = C_0(X|B)C_1(B) + C_0(X|\sim B)C_1(\sim B)$가 성립하지 않는다. 보기를 들어 $C_1(A \vee B)$는 5/6지만 $C_0(A \vee B|B)C_1(B) + C_0(A \vee B|\sim B)C_1(\sim B) = (1)(1/2) + (1/2)(1/2)$은 3/4이다. 왜 여기서는 안정화 원리와 제프리 조건화가 성립하지 않는가?

마찬가지로 {A∨B, ~A&~B}도 분할집합이다. 인식 상황 EC_0에서 EC_1로 바뀌면서 $C_0(A \vee B) = 3/4$에서 $C_1(A \vee B) = 5/6$로 바뀐다. 이 경우 $C_1(\sim A\&\sim B)$는 1/6이다. 제프리 조건화를 적용하면 $C_1(A \vee \sim B) = C_0(A \vee \sim B|A \vee B)C_1(A \vee B) + C_0(A \vee \sim B|\sim A\&\sim B)C_1(\sim A\&\sim B)$여야 한다. 이 값은 $(2/3)(5/6) + (1)(1/6) = 7/12$이지만 우리 모형에서 $C_1(A \vee \sim B)$는 5/6다. 분할집합 {A∨B, ~A&~B}에서는 안정화 원리가 성립하지 않는다. $C_0(A \vee \sim B|\sim A\&\sim B)$와 $C_1(A \vee \sim B|\sim A\&\sim B)$는 둘 다 1이다. 하지만 $C_0(A \vee \sim B|A \vee B)$는 2/3인 반면 $C_1(A \vee \sim B|A \vee B)$는 4/5다.

A∨B를 E_1로 여기고 ~A&~B를 E_2로 여기면 C_0(A∨~B|E_2)와 C_1(A∨~B|E_2)는 같지만 C_0(A∨~B|E_1)과 C_1(A∨~B|E_1)는 다르다. 왜 안정화 원리가 성립하지 않는가?

안정화 원리가 성립하는 조건은 "한 분할집합 {E_1, E_2}의 믿음직함이 달라짐으로써 인식 상황이 바뀌었다"다. 우리의 인식 상황 변화에서 분할집합 {B, ~B}의 믿음직함은 아예 바뀌지도 않았다. 우리의 인식 상황 변화는 분할집합 {A, ~A}의 믿음직함 변화였지 분할집합 {A∨B, ~A&~B}의 믿음직함 변화는 아니었다. 여하튼 우리의 인식 상황 변화에 따라 분할집합 {A∨B, ~A&~B}의 믿음직함도 달라진 것이 아닌가? 하지만 두 변화는 구별되어야 한다. 분할집합 {E_1, E_2}의 믿음직함이 달라짐으로써 인식 상황이 바뀐 것과 인식 상황이 바뀜으로써 분할집합 {E_3, E_4}의 믿음직함이 달라진 것은 다르다. 분할집합 {E_1, E_2}의 믿음직함은 "곧바로" 또는 "직접" 달라졌고 분할집합 {E_3, E_4}의 믿음직함은 "에둘러" 또는 "간접" 달라졌다. 우리 사례에서는 분할집합 {A, ~A}의 믿음직함은 곧바로 달라졌고 분할집합 {A∨B, ~A&~B}의 믿음직함은 에둘러 달라졌다.

사실 명제마당 PF[16] 안에는 분할집합이 많다. {A, ~A}, {B, ~B}, {A∨B, ~A&~B}, {A∨~B, ~A&B}, {A↔B, A↔~B} 따

위는 모두 분할집합이다. 우리 명제마당에서 가장 잘게 쪼갠 분할집합은 {A&B, A&~B, ~A&B, ~A&~B}다. 이 명제들의 믿음직함이 사실 나머지 다른 명제의 믿음직함을 결정한다. 인식 상황 EC_0에서 EC_1로 바꾼 것을 제대로 표현하려면 이 네 분할명제의 믿음직함이 어떻게 바뀌었는지 드러내야 한다. EC_0에서 EC_1로 바뀔 때 네 분할명제의 믿음직함은 다음과 같이 바뀌었다.

E_i 믿음직함	EC_0에서 믿음직함	EC_1에서 믿음직함
E_1: A&B	1/4	1/3
E_2: A&~B	1/4	1/3
E_3: ~A&B	1/4	1/6
E_4: ~A&~B	1/4	1/6

우리가 가능세계 W_5와 W_6을 추가할 때 E_1, E_2, E_3, E_4가 참인 세계가 전체 6개 가운데 각각 2개, 2개, 1개, 1개가 되도록 설정했다.

아무 명제 X에 대해 $C_0(X|E_i)$를 셈하면 다음을 얻는다.

X	E	E_1: A&B	E_2: A&~B	E_3: ~A&B	E_4: ~A&~B
A∨B	3/4	1	1	1	0
A∨~B	3/4	1	1	0	1

~A∨B	3/4	1	0	1	1
~A∨~B	3/4	0	1	1	1
A	1/2	1	1	0	0
~A	1/2	0	0	1	1
B	1/2	1	0	1	0
~B	1/2	0	1	0	1
A↔B	1/2	1	0	0	1
A↔~B	1/2	0	1	1	0
A&B	1/4	1	0	0	0
A&~B	1/4	0	1	0	0
~A&B	1/4	0	0	1	0
~A&~B	1/4	0	0	0	1

아무 명제 X에 대해 $C_1(X|E_i)$를 셈하면 그 값이 이전과 바뀌지 않는다.

X \ E	E_1: A&B	E_2: A&~B	E_3: ~A&B	E_4: ~A&~B
A∨B	5/6	1	1	1	0
A∨~B	5/6	1	1	0	1
~A∨B	2/3	1	0	1	1
~A∨~B	2/3	0	1	1	1
A	2/3	1	1	0	0
~A	1/3	0	0	1	1
B	1/2	1	0	1	0
~B	1/2	0	1	0	1
A↔B	1/2	1	0	0	1

A↔~B	1/2	0	1	1	0
A&B	1/3	1	0	0	0
A&~B	1/3	0	1	0	0
~A&B	1/6	0	0	1	0
~A&~B	1/6	0	0	0	1

네 분할명제의 믿음직함이 $C_0(E_i)$에서 $C_1(E_i)$로 바뀜으로써 인식 상황이 EC_0에서 EC_1로 바뀌었다. 이 경우에 $C_0(X|E_i) = C_1(X|E_i)$가 성립하며 안정화 원리가 성립한다. 이런 변화 아래서는 명제 X의 제프리 조건화가 만족된다. 곧

$$C_1(X) = C_0(X|E_1)C_1(E_1) + C_0(X|E_2)C_1(E_2)$$
$$+ C_0(X|E_3)C_1(E_3) + C_0(X|E_4)C_1(E_4)$$

보기를 들어 X 자리에 A∨~B를 넣어 보겠다. 우리의 처음 셈에 따르면 $C_1(A∨~B)$는 5/6여야 한다. 제프리 조건화를 셈해도 5/6이 나온다.

$$C_0(A∨~B|A\&B)C_1(A\&B) = (1)(1/3) = 1/3$$
$$C_0(A∨~B|A\&~B)C_1(A\&~B) = (1)(1/3) = 1/3$$
$$C_0(A∨~B|~A\&B)C_1(~A\&B) = (0)(1/6) = 0$$
$$C_0(A∨~B|~A\&~B)C_1(~A\&~B) = (1)(1/6) = 1/6$$

따라서 $C_1(A \vee \sim B)$ = 1/3 + 1/3 + 0 + 1/6 = 5/6. 이처럼 우리의 인식 변화를 가장 잘 표현하려면 가장 잘게 쪼갠 분할집합의 믿음직함 변화를 드러내야 한다.

명제마당 PF[16]에서 우리는 $C(A)$가 처음의 1/2에서 2/3로 높아지고 $C(\sim A)$는 처음의 1/2에서 1/3로 낮아지는 인식 상황 변화를 살펴보았다. 다만 A가 참인 세계 W_5와 W_6을 추가할 때 A와 B 사이의 무관성이 유지되게 했다. A와 B 사이의 무관성이 깨지는 인식 상황에서도 안정화 원리와 제프리 조건화가 지켜지는가? 이를 살펴보려고 W_5와 W_6에서 B의 참값이 모두 거짓이라 가정하겠다. A가 참인 세계 W1256 가운데서 B가 참인 세계는 W_1밖에 없다. 이는 처음에 $C_처(B|A)$가 1/2이었지만 나중에 $C_나(B|A)$가 1/4임을 뜻한다. 이렇게 바뀐 인식 상황을 EC_2라 하고 이때의 믿음직함 함수를 C_2라 하겠다.

인식 상황 EC_2에서 A가 참인 세계는 W1256이고 A가 거짓인 세계는 W34다. 이 상황에서 B가 참인 세계는 W13이고 B가 거짓인 세계는 W2456이다. 인식 상황 EC_0에서 EC_2로 바뀔 때 명제마당 PF[16] 안 명제의 믿음직함은 다음처럼 바뀐다.

$C_1(T_o)=$ $C_1(W123456)=1$	$C_1(A \vee B)=$ $C_1(W12356)=5/6$	$C_1(A \vee \sim B)=$ $C_1(W12456)=5/6$	$C_1(A)=$ $C_1(W1256)=2/3$
$C_1(\sim A \vee B)=$ $C_1(W134)=1/2$	$C_1(B)$ $=C_1(W13)=1/3$	$C_1(A \leftrightarrow B)=$ $C_1(W14)=1/3$	$C_1(A \& B)=$ $C_1(W1)=1/6$

$C_1(\sim A \vee \sim B)=$ $C_1(W23456)=5/6$		$C_1(A \leftrightarrow \sim B)=$ $C_1(W2356)=2/3$		$C_1(\sim B)=$ $C_1(W2456)=2/3$			$C_1(A\&\sim B)=$ $C_1(W256)=1/2$							
$C_1(\sim A)=$ $C_1(W34)=1/3$		$C_1(\sim A\&B)=$ $C_1(W3)=1/6$		$C_1(\sim A\&\sim B)=$ $C_1(W4)=1/6$			$C_1(F_o) =$ $C_1(\varnothing) = 0$							

인식 상황 EC_2에서 믿음직함 $C(X|Y)$를 셈하면 다음과 같다. 반드시 참말과 거짓말은 셈에서 뺐다.

X \ Y	A∨B	A∨~B	~A∨B	~A∨~B	A	~A	B	~B	A↔B	A↔~B	A&B	A&~B	~A&B	~A&~B
A∨B	5/6	**1**	4/5	**2/3**	4/5	**1**	**1/2**	**1**	3/4	**1**	4/5	**1**	**1**	**1**	**0**
A∨~B	5/6	4/5	**1**	**2/3**	4/5	**1**	**1/2**	1/2	**1**	**1**	4/5	**1**	**1**	**0**	**1**
~A∨B	1/2	2/5	2/5	**1**	2/5	1/4	**1**	**1**	**1/2**	**1**	2/5	**1**	**0**	**1**	**1**
~A∨~B	5/6	4/5	4/5	**2/3**	**1**	3/4	**1**	**1/2**	**1**	**0**	**1**	**0**	**1**	**1**	**1**
A	2/3	4/5	4/5	**1/3**	3/5	**1**	**0**	**1/2**	3/4	**1**	3/5	**1**	**1**	**0**	**0**
~A	1/3	1/5	1/5	**2/3**	2/5	**0**	**1**	**1/2**	1/4	**0**	2/5	**0**	**0**	**1**	**1**
B	1/3	2/5	**2/3**	**1/3**	1/5	1/4	**1/2**	**1**	**0**	**1**	2/5	**1**	**0**	**1**	**0**
~B	2/3	3/5	4/5	**1/3**	4/5	3/4	**1/2**	**0**	**1**	**0**	4/5	**1**	**0**	**1**	**1**
A↔B	1/3	1/5	2/5	**2/3**	1/5	1/4	**1/2**	**1/2**	1/4	**1**	**0**	**1**	**0**	**0**	**1**
A↔~B	2/3	4/5	3/5	**1/3**	4/5	3/4	**1/2**	**1/2**	3/4	**0**	**1**	**0**	**1**	**1**	**0**
A&B	1/6	1/5	1/5	**1/3**	0	1/4	**0**	**1/2**	**0**	**1**	**0**	**1**	**0**	**0**	**0**
A&~B	1/2	3/5	3/5	**0**	3/5	3/4	**0**	**0**	3/4	**0**	3/5	**0**	**1**	**0**	**0**
~A&B	1/6	1/5	**0**	**1/3**	1/5	**0**	**1/2**	**1/2**	**0**	**0**	1/5	**0**	**0**	**1**	**0**
~A&~B	1/6	**0**	1/5	**1/3**	1/5	**0**	**1/2**	**0**	1/4	**0**	1/5	**0**	**0**	**0**	**1**

인식 상황이 EC_0에서 EC_2로 바뀔 때 믿음직함 $C(X|Y)$가 바뀌지 않는 곳은 굵은 글씨로 나타내었고 0과 1 사이 값은 잿빛 바탕으로 나타내었다.

이제는 분할집합 {A, ~A} 안 분할명제 A의 경우에도 "$C_0(X|A) = C_2(X|A)$"가 성립하지 않는다. 인식 상황 EC_0에서 명

제 A와 B가 무관했는데 인식 상황 EC_2에서 명제 A와 B는 유관하다. 이는 인식 상황 EC_0에서 EC_2로 바뀔 때 모종의 다른 정보도 추가로 유입되었음을 뜻한다. 이 경우 인식 상황 EC_0에서 EC_2로 바뀐 일을 분할집합 {A, ~A}의 믿음직함이 곧바로 달라진 일로 여기는 일은 잘못되었다. 결국 "분할집합 {E_1, E_2}의 믿음직함이 달라짐으로써 인식 상황이 바뀌었다"를 가능세계들을 써서 올바로 기술하는 일은 쉽지 않다. 두 분할명제로 이뤄진 분할집합 가운데 "$C_0(X|E_i) = C_2(X|E_i)$"가 성립하는 집합은 {~A∨B, A&~B}밖에 없다. 그렇다고 인식 상황 EC_0에서 EC_2로 바꾼 것을 분할집합 {~A∨B, A&~B}의 믿음직함이 곧바로 달라졌던 인식 변화와 동일시하는 것이 맞는지 확신하지 못하겠다.

인식 상황 EC_2에서 분할집합 {A&B, A&~B, ~A&B, ~A&~B}와 관련된 조건부 믿음직함 $C_2(X|E_i)$를 셈하면 다음과 같다.

E_i \ 믿음직함	EC_0에서 믿음직함	EC_2에서 믿음직함
E_1: A&B	1/4	1/6
E_2: A&~B	1/4	1/2
E_3: ~A&B	1/4	1/6
E_4: ~A&~B	1/4	1/6

각 명제 X에 대해 $C_0(X|E_i)$를 셈하면 다음과 같다.

X \ E		E_1: A&B	E_2: A&~B	E_3: ~A&B	E_4: ~A&~B
A∨B	5/6	1	1	1	0
A∨~B	5/6	1	1	0	1
~A∨B	1/2	1	0	1	1
~A∨~B	5/6	0	1	1	1
A	2/3	1	1	0	0
~A	1/3	0	0	1	1
B	1/3	1	0	1	0
~B	2/3	0	1	0	1
A↔B	1/3	1	0	0	1
A↔~B	2/3	0	1	1	0
A&B	1/6	1	0	0	0
A&~B	1/2	0	1	0	0
~A&B	1/6	0	0	1	0
~A&~B	1/6	0	0	0	1

분할명제의 믿음직함이 $C_0(E_i)$에서 $C_2(E_i)$로 바뀜으로써 인식 상황이 EC_0에서 EC_2로 바뀌었다. 이 경우 처음에 무관했던 A와 B가 관련성을 갖게 되었다. 곧 $C_0(B|A)$가 1/2이었지만 $C_2(B|A)$가 1/4이 되었다. 이 경우 "$C_2(B|A) = C_2(B)$"가 성립하지 않는다. 하지만 $C_0(X|E_i) = C_2(X|E_i)$가 성립하여 안정화 원리를 여전히 따른다. $C_2(B)$는 1/3인데 제프리 조건화로 셈해도 이

값이 나오는지 셈해 보겠다.

$$C_0(B|A\&B)C_2(A\&B) = (1)(1/6) = 1/6$$

$$C_0(B|A\&\sim B)C_2(A\&\sim B) = (0)(1/2) = 0$$

$$C_0(B|\sim A\&B)C_2(\sim A\&B) = (1)(1/6) = 1/6$$

$$C_0(B|\sim A\&\sim B)C_2(\sim A\&\sim B) = (0)(1/6) = 0.$$

따라서 $C_2(B) = 1/6 + 0 + 1/6 + 0 = 1/3$. 결국 $C_2(B)$는 제프리 조건화로 셈한 결과와 같다.

0304. 믿음 갱신 원리

박일호는 2013년 논문 「조건화와 입증: 조건화 옹호 논증」에서 이른바 "일반 무관성 원리"를 제안했다. 이 원리는 다음과 같은 일반화된 믿음 갱신의 보수주의를 반영한다.

> 신중한 믿음 갱신: 한 조건부 믿음직함과 무관한 정보가 알려지면 그 조건부 믿음직함을 바꾸지 말라. 한 조건부 믿음직함과 유관한 정보가 알려질 때만 그 조건부 믿음직함을 바꾸라.

우리가 믿음 갱신의 보수주의를 받아들이면 박일호의 일반 무관성 원리를 받아들여야 한다. 나는 박일호의 '일반 무관성 원리'를 그냥 "믿음 갱신 원리"라 부르겠다.

> 믿음 갱신 원리: 한 분할집합 $\{E_1, E_2\}$의 믿음직함이 처음에 $C_처(E_1)$과 $C_처(E_2)$에서 나중에 각각 $C_나(E_1)$과 $C_나(E_2)$로 바뀌면 다음이 성립한다. 분할명제 E_1과 E_2 각각이 $C_처(X|Y)$와 무관하면 $C_처(X|Y) = C_나(X|Y)$. 여기서 명제 X와 Y는 명제마당 안 명제다.

믿음직함 함수가 $C_처$에서 $C_나$로 바뀌는 인식 상황 변화는 명제 E_1이 새 정보로 주어진 상황이 아니며 명제 E_2가 새 정보

로 주어진 상황도 아니다. 이 때문에 이 원리는 C새(X) = C처(X|E₁)이나 C새(X) = C처(X|E₂)를 가정하지 않는다. 믿음 갱신 원리를 더 일반화된 분할집합 {E₁, E₂, E₃, ⋯, Eₘ}으로 확장할 수 있다. C처(X|Y)가 분할명제들과 무관하면 이들 분할명제의 믿음직함 변화로 생긴 인식 상황에도 C새(X|Y)는 그대로 C처(X|Y)와 같다. 또는 분할명제들의 믿음직함 변화로 C새(X|Y)가 C처(X|Y)와 달라지면 C처(X|Y)는 분할명제들과 유관하다. 결국 한 조건부 믿음직함과 무관한 분할명제의 믿음직함이 알려지면 그 조건부 믿음직함을 바꾸지 말라.

박일호는 믿음 갱신 원리와 안정화 원리가 논리 동치임을 증명했다. 그는 낱말 "안정화"를 쓰지 않고 "고정성"을 쓴다. 나는 이를 정리 T24로 삼겠다.

T24. 믿음 갱신 원리가 참일 때 오직 그때민 안정화 원리도 참이다.

박일호는 믿음 갱신 원리가 더 근본이 되는 원리라 생각한다. 우리가 믿음 갱신 원리를 받아들이면 정리 T24에 따라 안정화 원리도 받아들여야 한다. 우리가 안정화 원리를 받아들이면 정리 T23에 따라 제프리 조건화도 받아들여야 한다.

분할집합 {E₁, E₂}의 믿음직함이 바뀌는 바람에 믿음직

함 함수가 처음에 C였지만 나중에 C₄로 바뀌었다고 가정한다. 달리 말해 함수 C는 분할명제들의 믿음직함이 새로 알려지기 전의 믿음직함 함수고, 함수 C₄는 분할명제들의 믿음직함이 새로 알려진 다음 믿음직함 함수다. 말하자면 처음에 $C(E_1)$은 $C_4(E_1)$로 바뀌고 $C(E_2)$는 $C_4(E_2)$로 바뀐다. 정리 T24의 증명은 두 부분으로 이뤄진다. (i) 믿음 갱신 원리가 참이면 반드시 안정화 원리도 참이다. 이를 증명하려고 믿음 갱신 원리를 가정한다. 곧 분할명제 E_1과 E_2 각각이 $C(X|Y)$와 무관하면 $C(X|Y) = C_4(X|Y)$.

정보 E가 무엇이든 E는 조건부 믿음직함 $C(X|E)$와 무관하다. 이 때문에 정보 E_1이 무엇이든 E_1은 $C(X|E_1)$과 무관하고 정보 E_2가 무엇이든 E_2는 $C(X|E_2)$와 무관하다. 명제 E_1과 E_2가 분할명제더라도 이는 똑같이 성립한다. 분할명제 E_1과 E_2 각각은 $C(X|E_1)$과 무관하고 E_1과 E_2 각각은 $C(X|E_2)$와 무관하다는 점을 굳이 밝혀 보이겠다. 먼저 다음은 반드시 참말이다.

$C(X\&E_1|E_1) = C(X|E_1)$

$C(X\&E_2|E_2) = C(X|E_2)$

$C(E_1|E_1) = C(E_2|E_2) = 1$

$C(X\&E_2|E_1) = C(X\&E_1|E_2) = C(E_2|E_1) = C(E_1|E_2) = 0$

이로부터

(1) $C(X\&E_1|E_1) = C(X|E_1)C(E_1|E_1)$

(2) $C(X\&E_2|E_1) = C(X|E_1)C(E_2|E_1)$

(3) $C(X\&E_1|E_2) = C(X|E_2)C(E_1|E_2)$

(4) $C(X\&E_2|E_2) = C(X|E_2)C(E_2|E_2)$

를 얻는다. 정리 T19에 따르면 식 (1)은 E_1이 $C(X|E_1)$과 무관함을 뜻하고 식 (2)는 E_2가 $C(X|E_1)$과 무관함을 뜻한다. 식 (3)은 E_1이 $C(X|E_2)$와 무관함을 뜻하고 식 (4)는 E_2가 $C(X|E_2)$와 무관함을 뜻한다.

믿음 갱신 원리에 따르면 다음이 성립한다. Y 자리에 무슨 명제를 넣든 괜찮으니 그 자리에 명제 E_1 또는 E_2를 넣었다.

(A) 분할명제 E_1과 E_2 각각이 $C(X|E_1)$과 무관하면 $C(X|E_1) = C_\text{새}(X|E_1)$.

(B) 분할명제 E_1과 E_2 각각이 $C(X|E_2)$와 무관하면 $C(X|E_2) = C_\text{새}(X|E_2)$.

식 (A)와 (B)는 믿음직함의 공리나 정리로부터 증명되지 않는다. 이들은 다만 믿음 갱신 원리의 두 사례일 뿐이다. 한편 식 (1)과 (2)에 따르면 분할명제 E_1과 E_2 각각은 $C(X|E_1)$과 무관하

다. 이윽고 식 (A)로부터

(5) $C(X|E_1) = C_새(X|E_1)$

을 얻는다. 또한 식 (3)과 (4)에 따르면 분할명제 E_1과 E_2 각각은 $C(X|E_2)$와 무관하다. 이윽고 식 (B)로부터

(6) $C(X|E_2) = C_새(X|E_2)$

를 얻는다. 식 (5)와 (6)은 안정화 원리가 말하는 바와 같다. 따라서 믿음 갱신 원리가 참이면 반드시 안정화 원리도 참이다.

그다음 (ii) 안정화 원리가 참이면 반드시 믿음 갱신 원리도 참이다. 이를 증명하는 일은 "안정화 원리는 참이다. 따라서 믿음 갱신 원리는 참이다" 꼴을 증명하는 일이다. 믿음 갱신 원리는 "분할명제 E_1과 E_2 모두가 $C(X|Y)$와 무관하면 $C(X|Y) = C_새(X|Y)$"인데 이는 "Q이면 R" 꼴의 명제다. 결국 우리가 증명하려는 꼴은 "P. 따라서 Q이면 R" 꼴의 추론이다. 이 꼴의 추론을 증명하려면 "P. Q. 따라서 R"을 증명하면 된다. 안정화 원리는 명제 "$C(X|E_1) = C_새(X|E_1)$이고 $C(X|E_2) = C_새(X|E_2)$"이기에 결국 우리가 증명해야 하는 추론의 꼴은 다음이다.

1. $C(X|E_1) = C_새(X|E_1)$이고 $C(X|E_2) = C_새(X|E_2)$

2. 분할명제 E_1과 E_2 각각은 $C(X|Y)$와 무관하다.

따라서 $C(X|Y) = C나(X|Y)$

두 전제를 가정한 뒤 "$C(X|Y) = C나(X|Y)$"를 추론하면 증명은 끝난다.

가정에 따라 아무 명제 X에 대해 $C(X|E_1) = C나(X|E_1)$과 $C(X|E_2) = C나(X|E_2)$가 성립한다. X 자리에 X&Y나 Y를 넣어도 이것이 성립해야 한다. 따라서

$C(X\&Y|E_1) = C나(X\&Y|E_1)$

$C(X\&Y|E_2) = C나(X\&Y|E_2)$

$C(Y|E_1) = C나(Y|E_1)$

$C(Y|E_2) = C나(Y|E_2)$

분할명제 E_1과 E_2 각각은 $C(X|Y)$와 무관하기에 정리 T19에 따라 다음이 성립한다.

$C(X|Y\&E_1) = C(X|Y)$

$C(X|Y\&E_2) = C(X|Y)$

그다음 베이즈 공리에 따라 셈하여

$C(X\&Y|E_1) = C(X|Y\&E_1)C(Y|E_1)$

$$C(X\&Y|E_2) = C(X|Y\&E_2)C(Y|E_2)$$

를 얻는다. 이제 위 등식들과 정리 T10 따위를 써서 $C_새(X|Y)$를 차근차근 셈한다. 먼저 $C_새(X\&Y)$가 $C(X|Y)C_새(Y)$와 같음을 보이겠다.

$$C_새(X\&Y) = C_새(X\&Y|E_1)C_새(E_1) + C_새(X\&Y|E_2)C_새(E_2)$$
$$= C(X\&Y|E_1)C_새(E_1) + C(X\&Y|E_2)C_새(E_2)$$
$$= C(X|Y\&E_1)C(Y|E_1)C_새(E_1)+C(X|Y\&E_1)C(Y|E_1)C_새(E_2)$$
$$= C(X|Y)C(Y|E_1)C_새(E_1)+C(X|Y)C(Y|E_1)C_새(E_2)$$
$$= C(X|Y)\{C(Y|E_1)C_새(E_1)+C(Y|E_1)C_새(E_2)\}$$
$$= C(X|Y)\{C_새(Y|E_1)C_새(E_1)+C_새(Y|E_1)C_새(E_2)\}$$
$$= C(X|Y)C_새(Y)$$

간추리면 $C_새(X\&Y) = C(X|Y)C_새(Y)$다. 곧 $C_새(X\&Y)/C_새(Y) = C(X|Y)$. 왼쪽은 $C_새(X|Y)$와 같기에 $C_새(X|Y) = C(X|Y)$. 이는 우리가 얻고자 하는 바와 똑같다. 따라서 안정화 원리가 참이면 반드시 믿음 갱신 원리도 참이다. 증명 (i)과 (ii)를 모으면 정리 T24가 증명된 셈이다.

0305. 이차 주요 원리

데이비드 루이스[1941-2001]는 일어남직함과 믿음직함을 이어주는 원리를 제안했는데 이름하여 "주요 원리"다. 이는 그의 1980년 논문「객관 일어남직함의 주관주의 안내서」에 발표되었다. 여기서 "주요"는 영어 "프린서펄"principal을 옮긴 말이다. 루이스에게 일어남직함은 사건의 일어남직함이 아니라 명제의 일어남직함이다. 나에게 명제는 존재 항목이 아니라 인식 항목이다. 이 때문에 내 생각에 명제에 주는 확률은 그것이 무엇이든 믿음직함이다. 루이스가 주요 원리를 정식화하는 방식에 아랑곳하지 않고 나는 주요 원리를 두 가지로 나누겠다.

- 사건 주요 원리: 믿음직함과 일어남직함의 관계를 규제하는 주요 원리
- 믿음 주요 원리: 믿음직함과 믿음직함의 관계를 규제하는 주요 원리

사건 주요 원리는 일차 주요 원리며 믿음 주요 원리는 이차 주요 원리다. 우리는 일차로 일어남직함을 바탕으로 믿음직함을 갖는다. 그다음 이차로 더 많은 정보에서 비롯된 믿음직함을 바탕으로 믿음직함을 갱신한다.

이차 주요 원리 곧 믿음 주요 원리를 일단 다음과 같이

정식화한다. 아래에서 C는 믿음직함 함수다.

> BPP1: 정보 "X의 믿음직함은 x다"와 더불어 정보 E를 안 다음 X의 믿음직함은 x다. 곧 C(X|E&'C(X)=x') = x. 다만 C(E&'C(X)=x')는 0이어서는 안 된다.

굳이 추가 정보 E를 넣는 까닭은 정보 "C(X) = x"뿐만 아니라 다른 정보 E까지 주어진 상황에서도 성립할 만한 원리를 찾고 싶기 때문이다. 정보 E가 반드시 참말이면 이 원리는 거의 의심의 여지가 없다. 명제 "C(X)=x"가 참임을 안 다음에 X의 믿음직함은 x다.

한편 정보 E가 "C(X) = y"고 y와 x가 다른 값이면 믿음 주요 원리는 성립하지 않는다. 보기를 들어

$$C(X|'C(X)=1/2'\&'C(X)=1/3') = 1/3$$

은 성립하지 않는다. 수 1/2과 1/3이 다름을 아는 주체는 명제 'C(X)=1/2'&'C(X)=1/3'이 거짓임을 안다. 이 경우 그에게 C('C(X)=1/2'&'C(X)=1/3')은 0이다. 믿음 주요 원리 BPP1에 단서 조항 "다만 C(E&'C(X)=x')는 0이어서는 안 된다"가 있는 까닭은 또렷하다. 한편 정보 "C(X) ≠ x"를 함축하는 정보는 다른 정보 "C(X) = x"를 깨뜨린다. 보기를 들어 만일 x는

0보다 크고 1보다 작은데 정보 E가 "X는 참이다"나 "X는 거짓이다"면 이 정보는 "C(X) ≠ x"를 함축한다. 정보 E가 정보 "C(X) = x"를 깨뜨린다면 C(E&˙C(X)=x')는 0이다. 나는 루이스를 따라 "C(X) = x"를 깨뜨리지 않는 정보를 "허용할 만한 정보"라 하겠다.

명제 X와 무관한 정보 E는 허용할 만하다. 정보 E가 명제 X와 무관하면 C(X|E) = C(X) = x가 성립한다. 이 경우 믿음 주요 원리는 다음과 같이 바뀐다. C(X|E&˙C(X|E)=x') = x. 반면 추가 정보 E가 명제 X와 유관하면 정보 E는 허용할 만하지 않다. 정보 E가 명제 X와 유관하면 C(X|E)와 C(X)는 다르다. 우리가 정보 E를 추가로 얻는다면 X의 믿음직함은 C(X)가 아니라 C(X|E)다. 이 때문에 정보 E가 명제 X와 유관하면 믿음 주요 원리 BPP1은 성립하지 않는다. 정보 E가 명제 X와 무관한지 유관한지 따지지 않으려면 믿음 주요 원리를 다음과 같이 고치는 것이 낫겠다.

BPP2: C(X|E&˙C(X|E)=x') = x. 다만 C(E&˙C(X|E)=x')는 0이어서는 안 된다.

추가 정보 E가 반드시 참말이면 "C(X|C(X)=x) = x"가 성립한다. 우리가 정보 E를 새로 얻으면 X의 믿음직함은 바뀔 텐

데 베이즈 공리에 따르면 그 값은 C(X|E)다. 만일 우리가 E가 참임을 추가로 알더라도 C(X|E)의 값이 바뀌지 않는다. 왜냐하면 정보 E는 조건부 믿음직함 C(X|E)와 무관하기 때문이다. 따라서 우리가 정보 E를 알고 또한 정보 'C(X|E) = x'를 안 다음에 X의 믿음직함은 당연히 x다.

믿음 주요 원리를 조금 더 또렷하게 드러내겠다. 인식 상황 EC_0에서 믿음직함 함수는 C_0이고 정보를 충분히 얻은 인식 상황 EC_F에서 믿음직함 함수는 C_F다. $C_0(X) = a$고 $C_1(X) = b$ 따위를 가정한다. 이 경우 $C_0(C_0(X)=a) = 1$, $C_1(C_1(X)=b) = 1$, $C_0(X|C_0(X)=a) = a$가 성립한다고 가정한다. 새 정보 E_1을 얻은 새 인식 상황 EC_1에서 믿음직함 함수는 C_1이다. $C_1(X) = C_0(X|E_1) = b$며 b는 a와 다르다. 이 경우 다음이 성립하지 않는다.

$$C_0(X|E_1 \& \text{'}C_0(X)=a\text{'}) = a$$

정보 E_1은 $C_0(X|E_1) = b$이게 하는 정보인데 이 정보는 BPP1을 무력화한다. 하지만 정보 E_1은 $C_0(X) = a$를 깨뜨리지 않으며 다만 $C_1(X) = b$를 창출할 뿐이다.

사실 믿음 주요 원리 자체가 제대로 정식화되지 않았다. 믿음 주요 원리를 제대로 정식화하려면 여러 믿음

직함 함수들을 차별화해야 한다. 인식 상황 EC_0과 EC_1 사이에서 $C_1(X|E\&\ulcorner C_0(X)=a\urcorner) = a$는 성립하지 않는다. 하지만 $C_0(X|E\&\ulcorner C_1(X)=b\urcorner) = b$는 성립한다. 이를 반영하여 믿음 주요 원리를 다음과 같이 정식화한다.

> BPP3: 인식 상황 EC_m에서 믿음직함 함수는 C_m이고 인식 상황 EC_n에서 믿음직함 함수는 C_n이다. 상황 EC_n은 상황 EC_m보다 정보가 더 많거나 같은 상황이다. 이 경우 $C_m(X|E\&\ulcorner C_n(X)=x\urcorner) = x$. 다만 $C_m(E\&\ulcorner C_n(X)=x\urcorner)$는 0이어서는 안 된다.

장차 지금보다 더 많은 정보를 안 뒤 X의 믿음직함이 x로 바뀐다면 지금 X의 믿음직함은 x로 갱신되어야 한다. BPP3에서 "상황 EC_n은 상황 EC_m보다 정보가 더 많거나 같은 상황이다"는 "상황 EC_n의 정보들로부터 상황 EC_m의 정보들이 따라 나온다"를 뜻한다.

인식 상황 EC_0에서 $C_0(X|E_1) = b$가 성립하기에 이 인식 상황에서 정보 E_1은 $C_0(X|E_1) = b$ 곧 $C_1(X) = b$를 함축한다. 이 때문에 BPP2로부터

$$C_0(X|E_1\&\ulcorner C_1(X)=b\urcorner) = C_0(X|E_1\&\ulcorner C_0(X|E_1)=b\urcorner) = b$$

를 얻는다. 나아가 'E₁ ⇒ E'이지만 $C_1(X) = b$를 함축하지 못하는 정보 E가 주어지더라도 다음이 성립할 것 같다.

$$C_0(X|E\&\text{'}C_1(X)=b\text{'}) = b$$

추가 정보 E가 인식 상황 EC_n의 정보들로부터 따라 나온다면 인식 상황 EC_n에서 정보 E는 새 정보가 아니다. 하지만 정보 E가 상황 EC_n의 정보를 넘어선다면 정보 E는 $C_n(X) = x$를 깨뜨릴 수 있다.

인식 상황 EC_n에서 정보 E가 새 정보더라도 이 상황에서 E가 X와 무관하면 $C_n(X|E) = C_n(X) = x$다. 이 경우 믿음 주요 원리는 $C_m(X|E\&\text{'}C_n(X|E)=x\text{'}) = x$로 바꿀 수 있다. 한편 상황 EC_n에서 정보 E가 명제 X와 유관하면 $C_n(X|E)$는 $C_n(X)$와 다르다. 우리가 정보 E를 추가로 얻으면 X의 믿음직함은 $C_n(X)$가 아니라 $C_n(X|E)$다. 이 때문에 상황 EC_n에서 정보 E가 명제 X와 유관하면 믿음 주요 원리 BPP3은 성립하지 않는다. 믿음 주요 원리를 다음과 같이 고치면 상황 EC_n에서 정보 E가 명제 X와 무관한지 유관한지 따지지 않아도 된다.

믿음 주요 원리 BPP: 만일 정보가 더 적은 인식 상황 EC_m에서 믿음직함 함수는 C_m이고, 정보가 같거나 더 많은 인식 상황 EC_n에서 믿음직함 함수가 C_n이

면 $C_m(X|E\&\dot{}C_n(X|E)=y') = y$. 다만 $C_m(E\&\dot{}C_n(X|E)=y')$와 $C_n(E)$는 0이어서는 안 된다.

앞에서 $C_1(X) = C_0(X|E_1) = b$를 가정했는데 $C_1(X|E)$는 b와 다를 수 있다. 이 경우에도 $C_0(X|E\&\dot{}C_1(X|E) = b') = b'$가 성립한다. 우리는 BPP를 믿음 주요 원리의 올바른 정식으로 받아들인다.

이차 주요 원리는 주체가 정보 "$C(X) = x$"를 새로 아는 인식 상황을 다룬다. 새 정보 "$C(X) = x$"는 일종의 명제다. 명제 X는 인식 상황 EC_0의 명제마당 안 명제지만 명제 "$C(X) = x$"는 그렇지 않다. 새 정보가 명제마당 안 명제가 아닌 경우 인식 상황 변화는 어떻게 기술되어야 하는가? 두 가지 대안이 있다. 첫째, 새 정보를 설정정보에 새로 담음으로써 새 인식 상황 EC+를 구성한다. 둘째, 새 정보를 명제마당에 새로 담음으로써 새 인식 상황 EC+를 구성한다. 처음 인식 상황 EC_0의 믿음직함 함수가 C_0이고 새 인식 상황 EC+의 믿음직함 함수가 C+면 새 정보 "$C(X) = x$"는 "$C+(X) = x$"로 쓰는 것이 맞다. 이 명제를 X*이라 쓰겠다. 두 경우 모두 C+(X*)은 1이지만 C_0(X*)은 0과 1 사이 값이다.

0306. 고차 믿음 갱신

제프리 조건화는 처음 인식 상황 EC_0에서 명제 E의 믿음직함이 a였던 것이 b로 바뀌면서 생긴 인식 상황 변화를 다룬다. 새로 바뀐 인식 상황은 EC+고 이때의 믿음직함 함수는 C+다. 물론 명제 E는 상황 EC_0과 EC+의 명제마당 안 명제다. a와 b는 같지 않으며 둘 다 0과 1 사이 값이다. 이 상황 변화는 인식 상황 EC_0에서 새 정보 "C+(E) = b"만을 새로 알게 됨으로써 생긴 변화로 이해할 수 있다. 인식 상황 EC_0에서 믿음직함 함수가 C_0이면 $C_0(E)$는 a다. 우리는 인식 상황 EC_0의 주체가 명제 "$C_0(E) = a$"를 안다고 가정한다. 하지만 이 명제는 본디 인식 상황 EC_0의 명제마당 안에 없는 명제였다. 이제 상황 EC_0의 명제마당 안에 이 명제를 새로 넣는다. 이 경우 인식 상황이 조금 바뀌는데 이 변화를 일단 무시한다. 아무튼 이 경우 $C_0(C_0(E)=a) = 1$. 이미 알려진 정보는 없어지지 않기에 $C+(C_0(E)=a) = 1$이 성립한다.

인식 상황 EC+는 주체가 명제 E의 믿음직함이 b로 바뀜으로서 생성되었다. 이것이 그 유일한 이유다. 이 때문에 우리는 상황 EC+의 주체가 명제 "C+(E) = b"가 참임을 안다고 가정한다. 이 명제를 E*이라 하겠다. 이 명제도 인식 상황 EC_0과 EC+의 명제마당 안에 없었는데 이 명제를 명제마당 안에 새로 넣는다. 상황 EC_0에서 명제 E^*의 믿음직함은 얼마인가? 일단 $C_0(E^*)$은 1보다 작다. 만일 $C_0(E^*)$이 0이면 믿음직함의 공리에 따라 인식 상황 EC_0에서 E^*이 거짓임이 알려진다. 한 명제가 거짓임이 알려지면 그 명제는 거짓이다. 한 명제가 거짓이면 그 명제는 나중에 참임이 알려질 수 없다. 따라서 거짓임이 이미 알려진 명제를 나중에 주체가 새로 알 수는 없다. 나중 인식 상황 $EC+$에서 주체가 명제 E^*을 알 수 있으려면 처음 인식 상황 EC_0에서 명제 E^*은 거짓임이 알려져서는 안 된다. $C_0(E^*)$은 0이 아니어야 하기에 $C_0(E^*)$은 0보다 크고 1보다 작다. $C_0(E^*)$은 특정 값을 갖는가? 아니다. 우리는 인식 상황 $EC+$를 구성한 뒤 믿음직함 함수 $C+$를 이전 상황의 믿음직함과 관련지으려고 명제마당 안에 명제 E^*를 새로 넣었을 뿐이다. 이전 인식 상황 EC_0에서 E^*의 믿음직함 $C_0(E^*)$은 특정 값으로 못 박지 않아도 된다.

우리 가정에 따르면 명제 E^*은 상황 $EC+$의 명제마당 안 명제고 상황 $EC+$의 주체는 명제 E^*이 참임을 안다. 이 때문에 $C+(E^*) = C+(C+(E)=b)$는 1이다. 명제 "$C_0(E) = a$"도 명제마당 안 명제인데 $C+(C_0(E)=a)$도 1이다. 인식 상황 EC_0과 $EC+$의 차이는 무엇인가? 그것은 주체가 상황 EC_0에서 명제 E^*이 참인지 알지 못하지만 상황 $EC+$에서는 명제 E^*이 참임을 안다는 점

이다. 인식 상황 EC_0의 주체는 오직 명제 E^*만을 새로 앎으로써 인식 상황 EC+로 바뀐 셈이다. 이 경우 믿음직함 C+(X)는 베이즈 공리에 따라 $C_0(X|E^*)$이다. 따라서

(1) $C+(X) = C_0(X|E^*) = C_0(X\&E^*)/C_0(E^*)$

이제 우리는 인식 상황 EC_0과 EC+의 명제마당 안 명제 X에 대해 식 (1)이 성립한다고 가정한다. 식 (1)과 같은 조건화를 거쳐 믿음직함을 바꾸는 일을 "고차 믿음 갱신"이라 한다.

$C+(E^*)$은 1이기에 명제 X의 믿음직함 C+(X)가 0보다 크면 다음이 성립한다.

(2) $C+(E^*|X) = 1$

식 (1)과 (2)로부터 명제마당 안 명제 X에 대해 다음이 성립한다.

(3) $C+(X\&E^*) = C+(E^*|X)C+(X) = C+(X)$

당연히 $C+(\sim E^*)$은 0이기에 $C+(\sim E^*|X)$와 $C+(X\&\sim E^*)$도 0이다. 또한 식 (3)을 써서 $C+(X|E^*) = C+(X\&E^*)/C+(E^*) = C+(X\&E^*) = C+(X) = C_0(X|E^*)$을 얻는다. 곧

(4) $C+(X|E^*) = C_0(X|E^*)$

함수 C_+는 정보 E^*만을 새로 알았을 때의 믿음직함 함수다. 이 경우 E^*을 또다시 알더라도 X의 믿음직함은 바뀌지 않는다. 결국 우리의 인식 상황 변화에서도 단순 안정화 원리가 성립한다.

나아가 명제마당 안 명제 X와 Y에 대해 다음이 성립한다.

$C_+(X|Y) = C_+(X\&Y)/C_+(Y)$

$= C_0(X\&Y|E^*)/C_0(Y|E^*)$

$= C_0(X\&Y\&E^*)C_0(E^*)/C_0(Y\&E^*)C_0(E^*)$

$= C_0(X\&Y\&E^*)/C_0(Y\&E^*) = C_0(X|Y\&E^*)$

결국

(5) $C_+(X|Y) = C_0(X|Y\&E^*)$

다만 $C_+(Y)$는 0보다 크다. 이제 우리는 명제마당 안 아무 명제 X에 대해 다음이 성립하는지 검토하려 한다.

(A) $C_+(X|E) = C_0(X|E)$

(B) $C_+(X|\sim E) = C_0(X|\sim E)$

먼저 명제 X에 대해 $C_+(E^*|X) = 1$이 성립하기에 $C_+(E^*|E) = 1$. 한편 $C_0(E^*|E) = C_0(E^*\&E)/C_0(E) = C_0(E|E^*)C_0(E^*)/C_0(E) =$

$C_+(E)C_0(E^*)/C_0(E) = bC_0(E^*)/a$. 만일 식 (A)가 성립하면 $C_0(E^*)$은 a/b여야 한다. 마찬가지로 $C_+(E^*|\sim E) = 1$. 한편 $C_0(E^*|\sim E) = C_0(E^*\&\sim E)/C_0(\sim E) = C_0(\sim E|E^*)C_0(E^*)/C_0(\sim E) = C_+(\sim E)C_0(E^*)/C_0(\sim E) = (1-b)C_0(E^*)/(1-a)$. 만일 식 (B)가 성립하면 $C_0(E^*)$은 $(1-a)/(1-b)$여야 한다. 결국 식 (A)와 (B)가 성립하면 $a/b = (1-a)/(1-b)$가 성립해야 하는데 이는 $a = b$를 뜻한다. 우리는 a와 b가 다른 상황을 다루고 있다. 따라서 식 (A)와 (B)는 식 (1)과 양립할 수 없다.

반면 명제마당 안 명제 X에 대해 다음이 성립한다.

(6) $C_+(X|E\&E^*) = C_0(X|E\&E^*)$

(7) $C_+(X|\sim E\&E^*) = C_0(X|\sim E\&E^*)$

먼저 명제 E와 명제 E^*은 둘 다 명제마당 안 명제기에 $E\&E^*$도 명제마당 안 명제다. 식 (5)의 Y 자리에 $E\&E^*$을 넣으면 $C_+(X|E\&E^*) = C_0(X|E\&E^*\&E^*) = C_0(X|E\&E^*)$이다. 이는 식 (6)에 해당한다. 마찬가지로 $\sim E\&E^*$도 명제마당 안 명제기에 식 (5)를 써서 $C_+(X|\sim E\&E^*) = C_0(X|\sim E\&E^*\&E^*) = C_0(X|\sim E\&E^*)$을 얻는다. 이는 식 (7)에 해당한다. 한편 명제 $E\&E^*$과 $\sim E\&E^*$은 함께 참일 수 없다. 명제 '$E\&E^* \vee \sim E\&E^*$'은 'E∨∼E'와 논리 동치인데 이는 반드시 참이다. 따라서 집합 {$E\&E^*$, $\sim E\&E^*$}은

분할집합이다.

정리 T10에 따르면 명제마당 안 명제 X에 대해 다음이 성립한다.

$C_+(X)$

$= C_+(X|E\&E^*)C_+(E\&E^*) + C_+(X|\sim E\&E^*)C_+(X|\sim E\&E^*)$

식 (6)과 (7)로부터

$C_+(X)$

$= C_0(X|E\&E^*)C_+(E\&E^*) + C_0(X|\sim E\&E^*)C_+(\sim E\&E^*)$

를 얻는다. 이 식은 제프리 조건화에 해당한다. 결국 인식 상황 EC_0에서 상황 EC_+로 바뀌는 인식 변화는 분할집합 {E&E*, ~E&E*}의 믿음직함 변화로 이해해야 한다. 식 (A)와 (B)가 성립하지 않기에 상황 EC_0에서 상황 EC_+로 바뀌는 인식 변화를 분할집합 {E, ~E}의 믿음직함 변화로 이해해서는 안 된다. 그 변화를 분할집합 {E, ~E}의 믿음직함 변화로 이해하려면 명제 E* 자체를 명제마당 안 명제로 여기지 않아야 한다. 일단 우리가 명제 E*을 믿음직함을 매길 명제로 여긴다면 믿음직함 변화를 적용할 분할명제 자체를 바꾸어야 한다.

이는 임의의 분할집합으로 일반화할 수 있는데 셈을 쉽

게 하려고 세 명제로 이뤄진 분할집합을 다룬다. 인식 상황 EC_0에서 분할집합 $\{E_1, E_2, E_3\}$의 믿음직함은 처음에 다음과 같다고 가정한다.

$C_0(E_1) = a_1$

$C_0(E_2) = a_2$

$C_0(E_3) = 1 - a_1 - a_2$

이 믿음직함 값들이 각각 $b_1, b_2, 1-b_1-b_2$로 달라지면서 인식 상황이 EC+로 바뀌었다. 이 상황에서 믿음직함 함수가 C+면

$C+(E_1) = b_1$

$C+(E_2) = b_2$

$C+(E_3) = 1 - b_1 - b_2$

다. 처음 두 명제를 각각 $E_1{}^*, E_2{}^*$이라 하겠다. 셋째 명제는 $\sim E_1{}^* \& \sim E_2{}^*$와 논리 동치다. 만일 우리가 명제 $E_1{}^*$과 $E_2{}^*$을 믿음직함을 매길 명제로 여기지 않으려면 이들을 상황 EC_0과 상황 EC+의 명제마당 안에 넣지 말아야 한다. 이 경우 명제마당 안 명제 X에 대해 다음의 제프리 조건화가 성립한다.

$C+(X) = C_0(X|E_1)C+(E_1)$

$\quad + C_0(X|E_2)C+(E_2) + C_0(X|E_3)C+(E_3)$

다만 명제 X 자리에 명제 E_1^*과 E_2^*을 넣어서는 안 된다. 만일 명제 E_1^*과 E_2^*을 명제마당 안 명제로 여기면 제프리 조건화는 다음과 같이 수정되어야 한다.

$$C_+(X) = C_0(X|E_1\&E_1^*\&E_2^*)C_+(E_1\&E_1^*\&E_2^*)$$
$$+ C_0(X|E_2\&E_1^*\&E_2^*)C_+(E_2\&E_1^*\&E_2^*)$$
$$+ C_0(X|E_3\&E_1^*\&E_2^*)C_+(E_3\&E_1^*\&E_2^*)$$

명제 E_1^*과 E_2^*을 명제마당 안 명제로 여길 경우 인식 상황 EC_0에서 상황 EC_+로 바뀌는 인식 변화는 분할집합 $\{E_1, E_2, E_3\}$의 믿음직함 변화가 아니라 분할집합 $\{E_1\&E_1^*\&E_2^*, E_2\&E_1^*\&E_2^*, E_3\&E_1^*\&E_2^*\}$의 믿음직함 변화로 이해되어야 한다.

0307. 반영 원리와 주요 원리

우리는 인식 상황 EC_0의 주체가 오직 "C+(E) = b"만을 새로 앎으로써 인식 상황 EC+로 바뀐 상황을 다루었다. 새 정보 "C+(E) = b"를 E*로 약칭하면 이 경우 C+(X) = C_0(X|E*)이 성립한다. C+(E)는 b인데 "C+(X) = C_0(X|E*)"의 X 자리에 E를 넣어

(1) b = C+(E) = C_0(E|E*) = C_0(E|C+(E)=b)

를 얻는다. 여기서 특히 "C_0(E|C+(E) = b) = b"를 꼼꼼히 따지려 한다. 우리는 과감히 E 자리에 명제마당 안 아무 명제 X를 넣어

(2) C_0(X|C+(X)=x) = x

를 얻는다.

식 (2)에 나오는 믿음직함 함수 C+와 C_0의 차이를 눈여겨보아야 한다. 인식 상황 EC+는 인식 상황 EC_0보다 정보가 더 많거나 같은 상황이다. 이 통찰로부터 다음과 같은 '단순 믿음 주요 원리'를 세운다.

> 단순 믿음 주요 원리 SBPP: 만일 정보가 더 적은 인식 상황 EC_m에서 믿음직함 함수는 C_m이고, 정보가 같거나 더 많은 인식 상황 EC_n에서 믿음직함 함수가 C_n이

면 $C_m(X|C_n(X)=x) = x$. 다만 $C_m(C_n(X)=x)$는 0이어서는 안 된다.

식 (2)는 "C+(X) = C_0(X|E*)"이나 식 (1)로부터 따라 나오지 않는다. 이 때문에 SBPP는 믿음직함의 공리와 정리로부터 증명할 수 없다. 식 (1)에서 믿음직함 함수 C+는 인식 상황 EC_0에서 오직 새 정보 "C+(E)=b"만을 새로 알게 되었을 때 바뀌게 될 믿음직함 함수다. 반면 SBPP에 나오는 C_n은 인식 상황 EC_m에서 오직 새 정보 "C_n(X)=x"만을 새로 알게 되었을 때 바뀌게 될 믿음직함 함수가 아니다.

인식 상황 EC_0에서 새 정보 $E_0, E_1, ..., E_{n-1}$을 차례대로 얻어 인식 상황이 $EC_1, EC_2, ..., EC_n$으로 차례대로 바뀐다고 가정한다. 정보 $E_0, E_1, ..., E_{n-1}$은 참이고 이들은 서로 일관된다. 인식 상황 EC_n에서 믿음직함 함수는 C_n이다. '$E_0 \& E_1 \& \cdots \& E_{m-1}$'을 E_M이라 하고 '$E_m \& E_{m+1} \& \cdots \& E_{n-1}$'을 E_{M+}라 하겠다. 베이즈 공리에 따라 명제마당 안 명제 X에 대해

$C_n(X) = C_m(X|E_{M+})$

가 성립한다. 인식 상황 EC_m의 주체는 이미 정보 E_M을 알기에

$C_m(X|E_{M+}) = C_m(X|E_M \& E_{M+})$

$$C_m(X|E_{M+}\&Y) = C_m(X|E_M\&E_{M+}\&Y)$$

가 성립한다.

이제 우리는 "E_{M+}로부터 '$C_n(X) = x$'가 따라 나온다"를 가정한다. 명제 "$C_n(X) = x$"를 X^{nx}로 약칭하면 우리는 "$E_{M+} \Rightarrow X^{nx}$"를 가정한 셈이다. 한편 만일 '$E \Rightarrow F$'가 성립하면 '$E \Leftrightarrow E\&F$'가 성립한다. 이 경우 $C(X|E) = C(X|E\&F)$. 따라서

$$C_n(X) = C_m(X|E_{M+}) = C_m(X|E_{M+}\&X^{nx})$$

우리가 "$E_M\&E_{M+}$로부터 '$C_n(X) = x$'가 따라 나온다"를 가정하더라도 똑같은 것을 추론할 수 있다.

$$C_n(X) = C_m(X|E_{M+}) = C_m(X|E_M\&E_{M+})$$
$$= C_m(X|E_M\&E_{M+}\&X^{nx}) = C_m(X|E_{M+}\&X^{nx})$$

곧 $C_n(X) = C_m(X|E_{M+}\&X^{nx}) = C_m(X|E_{M+}\&'C_n(X)=x')$. 한편 상황 EC_m의 주체든 EC_n의 주체든 그들에게 "$C_n(X) = x$"임이 알려진다면 그들에게 $C_n(X)$는 x다. 따라서

$$C_m(X|E_{M+}\&'C_n(X)=x') = x$$

가 성립한다. 만일 이것이 성립한다면 추가 정보 E_{M+}가 알려지지 않더라도 새 정보 '$C_n(X) = x$'만으로 X의 믿음직함은 x일

것 같다. 곧

$$C_m(X|C_n(X)=x) = x$$

이것은 단순 믿음 주요 원리의 확실한 증명은 아니지만 매우 그럴듯한 해명이다.

단순 믿음 주요 원리 SBPP에 따르면 $C_m(X|C_m(X)=x)$ = x도 성립한다. 인식 상황 EC_n의 주체에게 X의 믿음직함 $C_n(X)$는 x다. 그가 새 정보 E만을 추가로 안 다음에 그의 인식 상황은 EC_n'로 바뀐다. 이 인식 상황에서 믿음직함 함수가 C_n'면 EC_n'에서 X의 믿음직함 $C_n'(X) = C_n(X|E)$인데 이 값을 y로 잡는다. 인식 상황 EC_n'는 상황 EC_m보다 더 많은 정보를 가진 상황이다. SBPP에 따르면 $C_m(X|C_n'(X)=y) = y$가 성립한다. 곧 $C_m(X|C_n(X|E)=y) = y$. 나아가 정보 E는 $C_n(X|E)$와 무관하며 $C_n(X|E)$의 값을 바꾸지 못한다. 따라서 당연히 $C_m(X|E\&`C_n(X|E)=y`) = y$도 성립한다. 이것은 바로 믿음 주요 원리 BPP인데 이처럼 우리는 SBPP를 바탕으로 BPP를 정당화할 수 있다.

한편 두 사람 A와 B의 믿음직함 함수 C_A와 C_B를 생각하겠다. B는 A에 견주어 더 많은 정보를 갖는다. C_A와 C_B가 똑같은 시점의 믿음직함 함수가 아니어도 된다. 다만 함수 C_B는 함수 C_A에 견주어 더 많은 정보를 바탕으로 믿음직함을 매긴다. 여기서 "정보"는 오직 '참인 정보'만을 뜻한다. 거짓 정보나 오정보는 정보가 아니다. 이 경우 다음이 성립할 것 같다.

$$C_A(X|E) \&\ ^{\cdot}C_B(X|E)=y') = y$$

믿음 주요 원리 $C_m(X|E)\&\ ^{\cdot}C_n(X|E)=y') = y$에서 믿음직함 함수 C_m과 C_n은 같은 한 주체의 실제 시간 흐름에 따른 함수가 아니어도 된다. 믿음직함 함수 $C_1, C_2, C_3, \cdots, C_F$를 정의할 때 쓰인 정보 $E_1, E_2, E_3, \cdots, E_F$도 실제 한 주체가 실제로 얻은 정보가 아니어도 된다. 다만 그 정보는 그 주체가 사는 세계에서 거짓이어서는 안 된다. 또한 $E_1, E_2, E_3, \cdots, E_F$는 서로 일관되어야 한다. 한 주체는 자신보다 더 많은 정보를 가진 다른 주체의 믿음직함을 본받는다. 그 다른 주체가 과거 주체든 현재 주체든 미래 주체든 상관없다.

미국 과학철학자 바스 반 프라센[1941-]은 1984년 논문 「믿음과 의지」에서 이른바 '반영 원리' 또는 '반성 원리'를 제안한다. 그의 반영 원리는 같은 한 주체의 시간에 따른 인식 상황 변화에 따라 믿음 주요 원리를 정식화한다.

단순 반영 원리: 지금 인식 상황 EC_0에서 한 주체의 믿음직함 함수는 C_0이고 미래 시간 T의 인식 상황 EC_T에

서 그의 믿음직함 함수가 C_T면 $C_0(X|C_T(X)=x) = x$. 다만 $C_0(C_T(X)=x)$는 0이어서는 안 된다.

만일 한 주체가 인식 상황 EC_0보다 인식 상황 EC_T에서 더 적은 정보를 갖는다면 그 주체는 "X의 믿음직함은 x다"를 지금 받아들여야 할 까닭이 없다. 믿음직함 갱신에서는 시간 흐름보다 정보의 누적이 더 중요하다. 한편 추가 정보 E가 있는 경우의 반영 원리는 다음과 같다.

반영 원리: 지금 인식 상황 EC_0에서 한 주체의 믿음직함 함수는 C_0이고 미래 시간 T의 인식 상황 EC_T에서 그의 믿음직함 함수가 C_T면 $C_0(X|E\&`C_T(X|E)=y') = y$. 다만 $C_0(E\&`C_T(X|E)=y')$와 $C_T(E)$는 0이어서는 안 된다.

주체에게 지금 정보 E가 주어졌다면 그 주체는 미래 시점 T에도 그 정보를 유지한다고 가정한다. 실제 주체가 시간 흐름에 따라 정보를 잃는다면 반영 원리는 올바른 지침이 아니다.

실제 주체는 인식 상황이 아니라 믿음 상황 또는 해석 상황에 따라 믿음직함을 갱신한다. 그는 시간 흐름에 따라 F_1, F_2, F_3 따위를 확신하며 베이즈 공리에 따라 믿음직함을 고쳐 나간다. 그가 확신한 명제들 가운데 적어도 하나가 거짓이면 어떻게 되는가? 그는 시간에 따라 몸소 겪으며 어느 순간 믿음직함의 공리나 정리가 성립하지 않음을 알게 된다. 그가 헤아릴 줄 아는 주체면 그는 이 사실로부터 자신이 확신했던 명제들 가운데 적어도 하나가 거짓이라 결론 내린다. 그는 자신이 확신했던 것 가운데 하나를 버리거나 자기 확신을 의심으로 바꾼다.

루이스의 주요 원리는 일어남직함 함수와 믿음직함 함수를 관계짓는다. 믿음직함 함수를 CR이라 쓰고 일어남직함 함수를 CH로 쓰겠다. 루이스에게 사건 e의 일어남직함은 "사건 e가 일어난다"의 일어남직함과 같다. 이 점에서 사실상 그에게 일어남직함은 명제의 일어남직함이다. 내 생각에 명제에 주는 확률은 그냥 믿음직함일 뿐이다. 아마도 루이스는 무제한 정보 상황에서 믿음직함 함수를 '일어남직함'으로 여길 것 같다. 가능한 모든 정보를 가진 무제한 정보 상황을 EC_F라 하고 이 인식 상황에서 믿음직함 함수를 CR_F라 하겠다. 결국 루이스스러운 주요 원리는

$$CH(X) = CR_F(X)$$

를 가정한다.

이제 루이스의 주요 원리는 나의 이론에서 다음과 같이 정식화할 수 있다. 이는 SBPP의 한 사례에 지나지 않는다.

루이스스러운 주요 원리: 맨 처음 인식 상황 EC_0에서 믿음직함 함수가 CR_0이고 가능한 모든 정보를 얻은 무제한 정보 상황 EC_f에서 믿음직함 함수가 CR_f면 $CR_0(X|CR_f(X)=x) = x$. 다만 $CR_0(CR_f(X)=x)$는 0이어서는 안 된다.

무제한 정보 상황에서는 우리 세계의 법칙과 역사가 모두 주체에게 알려진다. 인식 상황 EC_f에서는 새 정보가 주어질 수 없기에 무슨 정보 E든 그것이 거짓이 아닌 한 '$CR_f(X) = x$'를 깨뜨릴 수 없으며 $CR_f(X|E) = CR_f(X)$가 성립한다. $CR_f(X)$는 시간이나 정보에 따라 그 값이 바뀌지 않는다. 따라서

$$CR_0(X|E \& {}^{\iota}CR_f(X|E)=x{}^{\prime}) = CR_0(X|E \& {}^{\iota}CR_f(X)=x{}^{\prime})$$
$$= CR_0(X|CR_f(X)=x) = x$$

한편 무제한 정보 상황은 크게 두 가지로 나눌 수 있다. 하나는 무제한 완전 정보 상황이다. 이 상황에서 모든 명제의 참값이 결정되기에 무슨 명제 X든 $CR_f(X)$는 0 또는 1이다. 다른 하나는 무제한 불완전 정보 상황이다. 가능한 모든 정보를 동원하더라도 이 상황에서는 모든 명제의 참값이 결정되지는 않는다. 이 경우 $CR_f(X)$는 0과 1사이 값을 지닐 수 있다.

04.　　　　　　　　　　　　　　　　　　　　　　　　선택효과

주체에게 정보가 주어지는 절차에 따라 주체의 믿음직함 셈은 달라진다. 정보가 주체에게 주어지는 절차는 크게 두 가지로 나눌 수 있다. 하나는 치우친 절차를 거친 것이고 다른 하나는 마구잡이 절차를 거친 것이다. 선택효과는 정보가 주어지는 절차에 따라 믿음직함 셈이 달라지는 현상이다. 이 장에서는 선택효과를 해설하고 이를 우주론에 적용한다.

0401. 몬티 홀

우리는 게임에 참여한다. 게임 진행자는 몬티 홀이다. 우리 앞에 문이 닫힌 세 방이 있다. 우리는 방 안을 들여다볼 수 없어 방 안에 무엇이 들어있는지 알 수 없다. 우리가 방을 고르면 우리는 방 안에 들어있는 것을 상품으로 받는다. 세 방 가운데 한 방에는 자동차가 들어있고 나머지 두 방에는 염소가 들어있다. 우리는 자동차가 들어있는 방을 찾고 싶다. 우리는 무차별 원리에 따라 "첫째 방에 자동차가 들어있다"는 데 1/3만큼 믿는다. 마찬가지로 둘째 방에 자동차가 들어있으리라는 데 1/3만큼 믿고 셋째 방에 자동차가 들어있으리라는 데 1/3만큼 믿는다. 어느 방을 고르든 "우리가 고른 방에 자동차가 들어있다"의 믿음직함은 1/3이다.

우리가 첫째 방을 골랐다고 가정한다. 몬티 홀은 셋째 방문을 열어 그 안에 들어있는 염소를 보여주었다. 셋째 방에 염소가 들어있음을 안 다음 우리는 첫째 방에 자동차가 들어있으리라는 데 얼마큼 믿어야 하는가? 셋째 방에 염소가 들어있음이 확인되었으니 남은 두 방 가운데 하나는 염소가 들어있고 다른 하나는 자동차가 들어있다. 셋째 방에 염소가 들어있음을 안 다음에 우리는 첫째 방에 자동차가 들어있으리라는 데 1/2만큼 믿고 둘째 방에 자동차가 들어있으리라는 데

1/2만큼 믿어야 하는 것처럼 보인다. 몬티 홀은 우리에게 묻는다. "다른 방을 고르시겠습니까?"

칼럼니스트 메릴린 보스 사반트[1946-]는 1990년에 한 잡지에서 이 물음에 답했다. 그는 방을 바꾸는 것이 자동차를 얻게 될 가능성을 높인다고 주장했다. 그에 따르면 셋째 방에 염소가 들어있음을 안 다음에는 "첫째 방에 자동차가 들어있다"의 믿음직함은 1/3이지만 "둘째 방에 자동차가 들어있다"의 믿음직함은 2/3다. 사반트가 이렇게 답한 뒤에 그는 만여 통의 편지를 받았다 한다. 이 가운데 천여 통은 박사학위를 받은 전문학자들의 비판이었다고 한다. 매우 빼어난 수학자 에르되시 팔[1913-1996]도 "둘째 방에 자동차가 들어있다"의 믿음직함이 1/2이 아니라 2/3라는 사반트의 주장을 전혀 받아들일 수 없었다. 사반드기 아릇한 여성 논리를 펼친다고 조롱하는 학자도 있었다. 천천히 생각해보면 사반트가 틀리지 않았음을 알 수 있다. 왜 수학자들과 통계학자들 및 전문학자들은 믿음직함을 잘못 셈할 수밖에 없었을까? 그들은 자신들이 틀렸음을 오랫동안 인정하지 않았다. 컴퓨터로 이 게임을 여러 번 거듭하여 다른 방으로 옮기면 자동차를 얻게 될 가능성이 2/3로 높아진다는 점이 밝혀진 뒤에야 사반트가 옳았음을 비로소 인정했다.

몬티 홀 게임에서 몬티 홀이 열어주는 방에는 언제나 염소가 들어있다. 그가 열어주는 방에 자동차가 들어있다면 "다른 방을 고르시겠습니까?"라고 말할 수조차 없다. 수학자들은 몬티 홀이 염소가 있는 방만 열어준다는 사실을 눈여겨보지 않았다. 이 사실은 몬티 홀이 어느 방에 자동차가 들어있고 어느 방에 염소가 들어있는지 이미 알고 있음을 뜻한다. 아직도 많은 학자가 이 점을 충분히 성찰하지 않는다. 이 사실이 왜 믿음직함에 영향을 끼치는지 나중에 이야기하기로 하고 먼저 사반트의 믿음직함 셈이 왜 옳은지를 설명하겠다.

우리는 세 경우를 따져야 한다. 세 경우란 첫째 방에 자동차가 들어있는 경우, 둘째 방에 자동차가 들어있는 경우, 셋째 방에 자동차가 들어있는 경우를 말한다. 이를 하나씩 따져본다면 사반트의 결론에 이를 수 있다. 이 세 경우에서 우리가 처음에 고른 방은 언제나 첫째 방이라고 가정한다. 만일 첫째 방에 자동차가 들어있다면, 몬티 홀은 둘째 방 또는 셋째 방을 열어줄 것이고 그 안에 염소가 들어있다. 몬티 홀이 "다른 방을 고르시겠습니까?"라 물을 때 우리가 방을 바꾸면 우리는 자동차를 얻지 못한다. 만일 둘째 방에 자동차가 들어있다면, 몬티 홀은 셋째 방을 열어줄 것이고 그 안에 염소가 들어있다. 우리가 첫째 방에서 둘째 방으로 바꾸면 우리는 자동차를 얻는다. 만일 셋째 방에 자동차가 들어있다면, 몬티 홀은 둘째 방을 열어줄 것이고 그 안에 염소가 들어있다. 우리가 첫째 방에서 셋째 방으로 바꾸면 우리는 자동차를 얻는다. 우리가 방을 바꾼다면 세 경우 가운데 두 경우에서 자동차를 얻는다.

몬티 홀은 다른 두 방 가운데 염소가 있는 방 하나를 골라 연다. 그가 어느 방에 염소가 있는지 이미 알고 염소 방을 골라 열어준다는 사실은 그가 열지 않은 방에 자동차가 있음을 뜻한다. 우리가 고르지 않은 두 방 가운데 하나에 자동차가 들어있었다면 그가 열지 않고 남겨둔 방에 자동차가 들어있는 셈이다. 몬티 홀 문제에서 우리가 셈해야 하는 것은 '셋째 방에 염소가 들어있음을 안 다음에 첫째 방에 자동차가 들어있으리라는 믿음직함'이었다. "셋째 방에 염소가 들어있음을 안 다음에"에서 우리가 이 사실을 어떻게 알았냐 하는 것은 믿음직함의 크기를 바꿀 수 있다. 몬티 홀이 염소가 들어있는 방을 골라 열어준다면 그가 여는 방이 어느 방이든 그 방에는 염소가 들어있다. 우리가 고르지 않은 다른 두 방에 자동차가 들어있으리라는 믿음직함은 처음에 2/3였다. 몬티 홀이 방문을 하나 열어주기 전에 남은 방은 두 개였지만 그가 방문을 연 다음에 남은 방은 하나다. 이 때문에 남은 그 방에 자동차가 들어있으리라는 믿음직함은 2/3로 높아진다. 따라서 우리가 처음에 골랐던 방을 그대로 지키면 그 방에 자동차가 들어있으리라는 믿음직함은 1/3이지만 우리가 다른 방으로 옮기면 그 방에 자동차가 들어있으리라는 믿음직함은 2/3다.

만일 몬티 홀이 어디에 염소가 들어있는지 모른 채 아무 방문을 열었더니 그 방에 염소가 들어있음을 우리가 알게 되었다면 우리의 믿음직함 셈은 달라진다. 아까처럼 우리가 첫째 방을 골랐다고 가정한다. 모두 여섯 경우를 따져야 한다. (i) 첫째 방에 자동차가 들어있고 몬티 홀이 둘째 방을 여는 경우. 둘째 방에 염소가 들어있음이 우리에게 알려지는데 우리가 다른 방으로 옮기면 자동차를 얻지 못한다. (ii) 첫째 방에 자동차가 들어있고 몬티 홀이 셋째 방을 여는 경우. 셋째 방에 염소가 들어있음이 우리에게 알려지는데 우리가 다른 방으로 옮기면 자동차를 얻지 못한다. (iii) 둘째 방에 자동차가 들어있고 몬티 홀이 둘째 방을 여는 경우. 몬티 홀은 "다른 방을 고르시겠습니까?"라 물을 수 없다. (iv) 둘째 방에 자동차가 들어있고 몬티 홀이 셋째 방을 여는 경우. 셋째 방에 염소가 들어있음이 우리에게 알려지는데 우리가 다른 방으로 옮기면 우리는 자동차를 얻는다. (v) 셋째 방에 자동차가 들어있고 몬티 홀이 둘째 방을 여는 경우. 둘째 방에 염소가 들어있음이 우리에게 알려지는데 우리가 다른 방으로 옮기면 우리는 자동차를 얻는다. (vi) 셋째 방에 자동차가 들어있고 몬티 홀이 셋째 방을 여는 경우. 몬티 홀은 "다른 방을 고르시겠습니까?"라 물을 수 없다. 몬티 홀이 "다른 방을 고르시겠습니까?"라 물을 수 있는 경우는 모두 네 경우다. 네 경우 가운데 우리가 다른 방으로 옮길 때 두 경우에서만 자동차를 얻는다. 따라서 몬티 홀이 어느 방에 염소가 들어있는지 모른 채 방을 열었고 우리가 그 방에 염소가 들어있음을 안 다음에 우리가 고른 방에 자동차가 들어있으리라는 믿음직함은 1/2이다.

몬티 홀 수수께끼는 우리가 조건화 규칙을 제대로 쓰는 일이 쉽지 않음을 잘 말해준다. 이를 자세히 살펴보려 한다. 상자 안을 3등분하여 "알파는 맨 왼쪽에 있다", "알파는 가운데 있다", "알파는 맨 오른쪽에 있다"에 믿음직함을 매길 수 있다. 이 세 명제를 A, B, C라 하면 명제 집합 {A, B, C}는 분할집합이다.

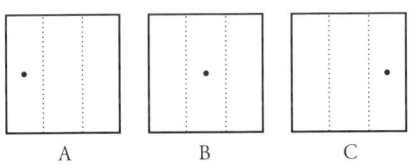

A B C

3등분한 세 공간의 넓이는 똑같기에 한결의 원리와 무차별 원리를 써서 C체(A) = C체(B) = C체(C) = 1/3. 이제 정보 "A는 거짓이다"를 새로 알게 되었다고 하겠다. 인식 상황이 바뀌었는데 C나(B)는 베이즈 정리에 따라 다음과 같이 셈해야 한다.

C나(B) = C처(B|~A) = C처(B&~A)/C처(~A)

여기서 C처(~A) = 1 – 1/3 = 2/3. ~A는 B∨C와 뜻이 같고 B&C는 거짓이기에 B&~A는 B와 뜻이 같다. 곧 C처(B&~A) = C처(B) = 1/3. 따라서 C나(B) = (1/3)/(2/3) = 1/2. 마찬가지로 C나(C) = 1/2. 이처럼 베이즈 공리를 그대로 따르면 C나(B) = C나(C) = 1/2.

하지만 몬티 홀 상황에서는 A가 거짓임을 안 다음에 B의 믿음직함과 C의 믿음직함이 다를 수 있다. 우리가 "C나(X) = C처(X|E) = C처(X&E)/C처(E)"를 따른다면 C나(B)와 C나(C)가 다를 수 없다. 이것이 다를 수 있다는 말은 "C나(X) = C처(X|E) = C처(X&E)/C처(E)"가 성립하지 않는 상황이 있음을 말해준다. 우리가 얻은 정보 "A는 거짓이다"는 "알파는 맨 왼쪽에 있지 않다"다. 이는 "알파는 가운데 있거나 맨 오른쪽에 있다"를 뜻하기에 당연히 2/3의 믿음직함을 주어야 한다.

하지만 C처(~A)를 올바르게 셈하려면 정보 "A는 거짓이다"가 우리에게 어떻게 주어졌는지 살펴보아야 한다. 우리는 알파가 어디에 있는지 아예 모르기에 C처(A) = C처(B) = C처

(C) = 1/3이라 생각한다. 우리가 A가 거짓임을 확인하려고 무슨 과정을 거쳤는가? 또는 정보 "A는 거짓이다"는 우리에게 무슨 절차를 거쳐 주어졌는가? 우리가 아무것도 모른 채 맨 왼쪽에 알파가 있는지 없는지 살펴보았는데 그 결과 맨 왼쪽에 알파가 없음을 알게 되었는가? 이 경우라면 C쳐(~A) = 2/3던 것이 C나(~A) = 1로 바뀐 셈이다.

우리는 몬티 홀 상황을 더 또렷이 이해해야 한다. 우리는 맨 왼쪽, 가운데, 맨 오른쪽 중에서 하나를 지목하는데 가운데를 지목했다고 하겠다. 우리는 "A는 거짓이거나 C는 거짓이다"가 참임을 이미 안다. 또한 우리는 "몬티 홀이 정보 'A는 거짓이다'를 우리에게 알려주거나 정보 'C는 거짓이다'를 우리에게 알려준다"는 사실도 이미 안다. 두 정보 가운데 우리가 어느 하나를 꼬집어서 탐구한다고 생각하겠다. 우리가 "A는 거짓인가?"를 물었다면 답변 "A는 거짓이다"를 얻으리라는 믿음직함은 애초에 2/3고 답변 "A는 참이다"를 얻으리라는 믿음직함은 애초에 1/3이다. 우리 물음의 응답으로 답변 "A는 거짓이다"를 얻었다면 C나(~A) = 1과 C나(A) = 0으로 믿음직함이 바뀐다. 이 경우는 확실히 C쳐(~A) = 2/3던 것이 C나(~A) = 1로 바뀌는 경우다. 마찬가지로 우리가 "C는 거짓인가?"를 물었다면 답변 "C는 거짓이다"를 얻으리라는 믿음직함은 애초에

2/3고 답변 "C는 참이다"를 얻으리라는 믿음직함은 애초에 1/3이다. 우리 물음의 응답으로 답변 "C는 거짓이다"를 얻었다면 C내(~C) = 1과 C내(C) = 0으로 믿음직함이 바뀐다. 이 경우는 확실히 C체(~C) = 2/3던 것이 C내(~C) = 1로 바뀌는 경우다.

이처럼 우리가 먼저 "A는 거짓인가?"를 물었다면 답변 "A는 참이다"를 얻으리라는 믿음직함은 0보다 크다. 우리가 먼저 "C는 거짓인가?"를 물었다면 답변 "C는 참이다"를 얻으리라는 믿음직함은 0이 아니다. 하지만 정보 "A는 거짓이다"는 아예 다른 절차를 거쳐 우리에게 주어질 수 있다. 몬티 홀은 A, B, C 가운데 무엇이 참이고 무엇이 거짓인지 알고 있다. 몬티 홀은 "A는 거짓이다"와 "C는 거짓이다" 가운데 아무 하나를 주지 않는다. 그에게 C(A), C(~A), C(C), C(~C)는 0이거나 1이다. 다시 말해 그에게 C(~A)가 1이면 몬티 홀은 우리에게 "A는 거짓이다"를 알려준다. 그에게 C(~C)가 1이면 몬티 홀은 우리에게 "C는 거짓이다"를 알려준다. 이 절차로 정보가 주어지면 이 정보는 새 정보가 아니다. 이 정보는 우리가 이미 아는 정보 "몬티 홀이 정보 'A는 거짓이다'를 우리에게 알려주거나 정보 'C는 거짓이다'를 우리에게 알려준다"와 다름없다. 우리가 답변 "A는 참이다"를 얻으리라는 믿음직함은 몬티 홀뿐만 아니라 우리에게도 애초에 0이다. 마찬가지로 답변 "C는 참이다"를 얻으리라는 믿음직함은 몬티 홀뿐만 아니라 우리에게도 애초에 0이다.

달리 말해 이와 같은 절차 아래서 우리에게 정보 "A는 거짓이다"가 주어졌다면 $C_처(\sim A)$는 2/3가 아니라 애초부터 1이었다. 이 경우

$$C_나(B) = C_처(B|\sim A)$$
$$= C_처(B\&\sim A)/C_처(\sim A) = C_처(B) = 1/3$$

이다. $C_나(B) + C_나(C)$는 1이어야 하기에 $C_나(C)$는 2/3다. 이 때문에 $C_나(C)$는 $C_처(C|\sim A)$와 같지 않다. 곧

$$C_나(C) = 2/3 \neq 1/3 = C_처(C|\sim A)$$

하지만 몬티 홀이 특정 정보를 선택하지 않고 마구잡이 절차를 거쳐 정보 "A는 거짓이다"를 우리에게 주었다면 이 정보의 믿음직함은 애초에 2/3였다. 이 경우 $C_나(B) = C_나(C) = 1/2$. 마찬가지로 몬티 홀 방식의 절차 아래서 우리에게 정보 "C는 거짓이다"가 주어졌다면 $C_처(\sim C)$는 2/3가 아니라 애초부터 1이었다. 이 경우

$$C_나(B) = C_처(B|\sim C) = C_처(B) = 1/3$$

이다. C나(A) + C나(B)는 1이어야 하기에 C나(A)는 2/3다. 이 때문에 C나(A)는 C처(A|~C)와 같지 않다. 곧

$$C나(A) = 2/3 \neq 1/3 = C처(A|\sim C)$$

하지만 몬티 홀이 특정 정보를 선택하지 않고 마구잡이 절차를 거쳐 정보 "C는 거짓이다"를 우리에게 주었다면 이 정보의 믿음직함은 애초에 2/3였다. 이 경우 C나(A) = C나(B) = 1/2.

몬티 홀이 "A가 거짓이다"나 "C는 거짓이다"를 우리에게 줄 때 그는 참인 것을 골라 우리에게 알려준다. 그가 우리에게 "A가 거짓이다"를 알려주었다면 우리는 "C가 거짓이다"를 알려주지 않고 하필이면 "A가 거짓이다"를 알려주었을까 놀랄 수 있다. 이 놀람 때문에 우리는 새 정보를 받았다고 착각한다. 하지만 그것이 무엇이든 우리에게는 정보 "A는 참이다"나 정보 "C는 참이다"가 주어질 가능성은 애초에 아예 없었다. 정보가 주어지는 이 같은 절차를 따를 때 우리에게 주어진 정보 "A가 거짓이다"의 믿음직함은 애초부터 1이다. 이제 베이즈 정리는 새롭게 이해돼야 한다. E를 안 다음 X의 믿음직함은

$$C나(X) = C처(X|E) = C처(X\&E)/C처(E)$$

인데 여기서 C쳐(X&E)와 C쳐(E)를 셈할 때 주의해야 한다. 먼저 명제 X는 그 참값을 이미 아는 이가 각별히 선택해서 알려주는 명제가 아니어야 한다. 그다음 C쳐(E)는 그냥 믿음직함이 아니라 정보 E가 주어지는 절차에 따른 믿음직함이어야 한다. 마찬가지로 C쳐(X&E)도 정보 E가 주어지는 절차를 반영한 믿음직함이어야 한다.

우리 생각을 더 어려운 몬티 홀 문제로 넓힐 수 있다. N개의 방 가운데 1개 방에 자동차가 들어있고 나머지 방에 염소가 하나씩 들어있다. 우리는 아무 방 하나를 고르고 몬티 홀은 L개 방을 열어 그 안에 염소가 들어있음을 보여준다. 그는 각 방에 무엇이 들어있는지 이미 알며 그는 염소가 들어있는 방만 골라 열어준다. 이 경우 우리가 고른 방에 자동차가 들어있으리라는 믿음직함은 처음 $1/N$에서 바뀌지 않고 그대로 $1/N$이다. 왜냐하면 우리에게 알려진 그 정보는 몬티 홀 관점에서든 우리 관점에서든 거짓일 가능성이 아예 없는 정보이기 때문이다. 다시 말해 어차피 우리는 자동차가 없는 방만 보게 될 것이다. 이것은 몬티 홀이 방문을 열어주기 전에도 이미 100% 예측할 수 있는 바다.

우리가 고른 방 말고 다른 방에 자동차가 있으리라는 믿음직함은 처음에 $(N-1)/N$인데 나중에도 $(N-1)/N$이다. L개 방을 열어주기 전에 남은 방은 $N-1$개지만 방을 열어준 다음에 남은 방은 $N-L-1$개다. 남은 다른 각 방에 자동차가 들어있으리라는 믿음직함은 처음에는 $(N-1)/N$을 $N-1$로 나누어야 한다. 하지만 L개 방을 열어준 뒤에는 $(N-1)/N$을 $N-L-1$로 나누어야 한다. 따라서 남은 다른 각 방에 자동차가 들어있으리라는 믿음직함은 처음에 $(N-1)/N(N-1)$에서 $(N-1)/N(N-L-1)$로 바뀐다. $(N-1)/(N-L-1)$은 1보다 크기 때문에 $(N-1)/N(N-L-1)$은 $1/N$보다 크다. 이것은 우리가 처음에 고른 방을 버리고 다른 방으로 옮기면 우리가 자동차를 얻을 가능성이 더 커진다는 것을 뜻한다.

0402. 두 사물

설정정보 "상자 안에 두 사물이 들어있다"가 담긴 한 인식 상황을 생각하겠다. 우리는 두 사물에 이름 "구구"와 "누누"를 준다. 구구와 누누는 상자를 벗어날 수 없으며 상자 안에서 움직이지 않고 멈춰 있다. 이야기하기 쉽도록 상자의 공간을 2차원으로 잡는다. 상자 안을 왼쪽과 오른쪽으로 나누는데 왼쪽 넓이와 오른쪽 넓이는 똑같다. 이와 같은 사실을 설정정보에 담는다. 우리는 다음 네 사실을 얻는다. 검은 점은 구구고 흰 점은 누누다.

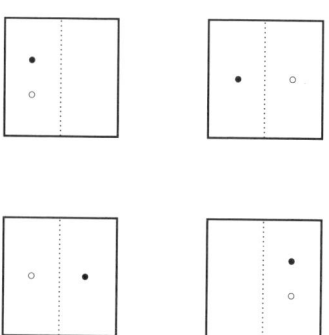

우리의 인식 상황은 구구나 누누가 상자 안의 왼쪽에 있는지 오른쪽에 있는지 모르는 상황이다.

    네 사실을 명제로 나타내면 다음과 같다.

E_1: 구구와 누누는 왼쪽에 있다.

E_2: 구구는 왼쪽에 있고 누누는 오른쪽에 있다.

E_3: 구구는 오른쪽에 있고 누누는 왼쪽에 있다.

E_4: 구구와 누누는 오른쪽에 있다.

이들 가운데 오직 하나만 참이기에 두 명제의 짝은 언제나 거짓이며 이들을 '이거나'로 묶은 명제는 참이다. 따라서 이들 네 명제는 분할명제다. 명제마당의 구조를 나타낼 때 분할명제를 써서 다른 명제를 표현하는 것이 가장 낫다. 분할명제의 집합 가운데 가장 좋은 것은 분할명제의 수가 가장 많은 분할집합이다. 한 명제마당에서 가장 잘게 쪼갠 분할집합의 믿음직함이 결정되면 그로부터 생성된 다른 명제의 믿음직함도 거의 결정된다. 우리의 인식 상황에서는 집합 $\{E_1, E_2, E_3, E_4\}$가 가장 잘게 쪼갠 분할집합이다.

"구구는 왼쪽에 있다"를 A라 하고 "누누는 왼쪽에 있다"를 B라 하면 이들 네 분할명제는 다음과 같이 표현할 수 있다.

$E_1 \equiv A \& B$

$E_2 \equiv A \& {\sim} B$

$E_3 \equiv {\sim} A \& B$

$E_4 \equiv {\sim} A \& {\sim} B$

분할집합 $\{E_1, E_2, E_3, E_4\}$로 생성된 명제마당이든 바탕명제 $\{A, B\}$로 생성된 명제마당이든 둘 다 명제마당 PF[16]의 구조를 갖는다. 상자 공간 위치에 한결의 원리를 적용하고 우리 믿음직함에 무차별 원리를 적용하면 우리 인식 상황에서 $C(E_1) = C(E_2) = C(E_3) = C(E_4) = 1/4$이다. 또한 $C(A) = C(\sim A) = C(B) = C(\sim B) = 1/2$이다.

우리는 구구와 누누를 묶어 하나의 사물로 여길 수 있다. 이 사물을 "구누"라 부르고 구누를 상자에 넣을 수 있다. 상자 안을 오른쪽과 왼쪽 그리고 위쪽과 아래쪽으로 나눈다. 네 공간의 면적은 똑같다. 아래의 마름모점 ◇은 구누를 나타낸다.

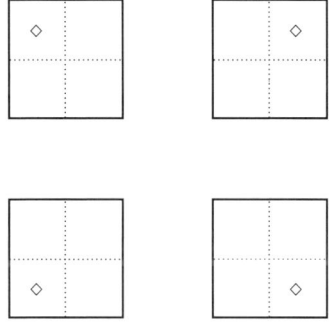

"구누는 위쪽 왼쪽에 있다"는 "구구와 누누는 왼쪽에 있다"를 뜻한다. 예전 상자의 네 분할명제는 새 상자에서는 다음을 뜻한다.

E_1: 구누는 위쪽 왼쪽에 있다

E_2: 구누는 위쪽 오른쪽에 있다.

E_3: 구누는 아래쪽 왼쪽에 있다.

E_4: 구누는 아래쪽 오른쪽에 있다.

이렇게 하면 똑같은 구조의 명제마당 $PF^{[16]}$을 얻는다. 이는 설정정보 "상자 안에 N개 사물이 들어있다"로 확장할 수 있다. 이렇게 확장된 설정정보 아래서 여러 명제에 믿음직함을 매기는 일은 통계학의 영역이다.

이제 새 정보 "구구와 누누 가운데 적어도 하나는 왼쪽에 있다"를 얻었다고 가정하겠다. 이는 다음 셋 가운데 하나다.

E_1: 구구와 누누는 왼쪽에 있다.

E_2: 구구는 왼쪽에 있고 누누는 오른쪽에 있다.

E_3: 구구는 오른쪽에 있고 누누는 왼쪽에 있다.

결국 우리가 얻은 정보는 $E_1 \vee E_2 \vee E_3$인데 이를 E라 하겠다. 이 정보의 믿음직함은 3/4이다. 이 새 정보를 얻은 뒤 E_1의 믿음직함을 셈하려 한다. 새 정보 E를 얻기 전 인식 상황 EC_0에서 믿음직함 함수는 C_0이고 새 정보 E를 얻은 다음 인식 상황 EC_1에서 믿음직함 함수는 C_1이다.

$$C_1(E_1) = C_0(E_1|E) = C_0(E_1 \& E)/C_0(E)$$

$$= C_0(E_1)/C_0(E) = (1/4)/(3/4) = 1/3$$

이처럼 "구구와 누누는 왼쪽에 있다"의 믿음직함은 처음에 1/4이었지만 정보 "구구와 누누 가운데 적어도 하나는 왼쪽에 있다"를 안 다음에 그 믿음직함은 1/3로 높아진다.

    추가로 "구구는 왼쪽에 있다"를 안 다음에 "구구와 누누는 왼쪽에 있다"의 믿음직함은 어떻게 바뀌는가? 이것도 간단히 셈할 수 있다. 새로운 정보 "구구는 왼쪽에 있다"는 $E_1 \vee E_2$와 같은데 이 정보를 G라 하겠다. 새 정보 G를 얻기 전 인식 상황 EC_1에서 믿음직함 함수는 C_1이고 새 정보 G를 얻은 다음 인식 상황 EC_2에서 믿음직함 함수는 C_2다. 먼저

$$C_1(G) = C_1(E_1 \vee E_2) = C_0(E_1 \vee E_2|E)$$

$$= C_0(E_1 \vee E_2)/C_0(E) = (1/2)/(3/4) = 2/3$$

그다음

$$C_2(E_1) = C_1(E_1|G) = C_1(E_1 \& G)/C_1(G)$$

$$= C_1(E_1)/C_1(G) = (1/3)/(2/3) = 1/2$$

사실 인식 상황 EC_0에서 곧바로 새 정보 G를 얻어 인식 상황 EC_2로 바뀌었더라도 $C_2(E_1)$은 1/2이다. 당연히 $C_0(G) = 1/2$.

$$C_2(E_1) = C_0(E_1|G) = C_0(E_1 \& G)/C_0(G)$$
$$= C_0(E_1)/C_0(G) = (1/4)/(1/2) = 1/2$$

이처럼 "구구와 누누는 왼쪽에 있다"의 믿음직함은 처음에 1/4이었지만 정보 "구구는 왼쪽에 있다"를 안 다음에 그 믿음직함은 1/2로 높아진다. 정보 "구구와 누누 가운데 적어도 하나는 왼쪽에 있다"와 정보 "구구는 왼쪽에 있다"는 매우 다른 정보다.

우리는 지금 인식 상황 EC_1에 있다. 이 상황에서 우리는 "두 사물 가운데 적어도 하나는 왼쪽에 있다"를 안다. 주연은 두 사물이 어디에 있는지 알며 그 스스로 사물에게 이름을 붙였다. 그는 두 사물을 각각 "두두"와 "루루"라 부른다. 그는 우리에게 왼쪽에 있는 사물의 이름을 하나만 내일 알려주겠다고 말한다. 그의 이 말을 들은 뒤 우리의 인식 상황을 EC_3이라 하고 이때의 믿음직함 함수를 C_3이라 하겠다. 주연이 우리에게 왼쪽에 있는 사물의 이름을 하나만 내일 알려주겠다고 말하는 일은 우리에게 새 정보를 주는가? 우리는 내일 주연으로부터 정보 "두두는 왼쪽에 있다" 또는 정보 "루루는 오른쪽에 있다"를 얻을 것이다. 우리는 명제 "내일 주연에게 정보 '두두는 왼쪽에 있다'만을 얻는다"와 "내일 주연에게 정보 '루루는 왼쪽에 있다'만을 얻는다"를 생각해야 한다. 앞 명제를 H_1

이라 하고 뒤 명제를 H_2라 하겠다.

H_1과 H_2는 함께 참일 수 없고 둘 가운데 적어도 하나는 참이다. 다시 말해 이들은 분할집합을 이루는 분할명제다. $C_3(H_1) + C_3(H_2)$는 1이어야 하고 EC_3에서 둘 가운데 하나가 더 참이리라 더 굳게 믿을 만한 추가 정보가 없다. 따라서 $C_3(H_1) = C_3(H_2) = 1/2$. 명제 "두두와 루루는 왼쪽에 있다" 또는 "두 사물 모두 왼쪽에 있다"를 E_1이라 하겠다. 우리가 정보 H_1을 내일 얻은 뒤에는 E_1의 내일 믿음직함은 1/2이다. 곧 내일 우리에게 "$C_3(E_1|H_1) = 1/2$"이 성립한다. 내일 우리에게 "$C_3(E_1|H_1) = 1/2$"이 성립하면 오늘 우리에게 "$C_3(E_1|H_1) = 1/2$"도 성립한다. 사실 여기에는 "Δ만큼 시간이 지난 때 명제 X의 믿음직함이 x임을 지금 안 다음에는 지금 명제 X의 믿음직함은 x다"는 반영 원리가 숨어 있다.

우리는 "$C_3(E_1|H_1) = C_3(E_1|H_2) = 1/2$"을 가정한다. 정리 T10을 써서 인식 상황 EC_3에서 명제 E_1의 믿음직함을 셈하겠다.

$C_3(E_1) = C_3(E_1|H_1)C_3(H_1) + C_3(E_1|H_1)C_3(H_2)$

$= (1/2)(1/2) + (1/2)(1/2) = 1/2$

"두 사물 가운데 적어도 하나는 왼쪽에 있다"를 아는 인식 상황 EC_1에서 정보 "우리는 내일 왼쪽에 있는 사물의 이름을 하나만 안다"를 얻은 인식 상황 EC_3에서 E_1의 믿음직함이 바뀐다. EC_1에서 $C_1(E_1)$은 1/3이지만 EC_3에서 $C_3(E_1)$은 1/2이다. 우리는 아직 왼쪽에 있는 사물의 이름을 알지 못하는데도 내일 그 이름을 알게 된다는 정보를 얻은 다음에는 다른 명제의 믿음직함이 바뀐다. 우리의 이 추론에 무슨 문제가 있는가? 이름이 그렇게 중요한가?

이름 "두두"와 "루루"를 만든 이는 주연이다. 처음에 이름 "구구"와 "누누"를 만든 이는 우리였다. 사실 "구구와 누누 가운데 적어도 하나는 왼쪽에 있다"는 "두 사물 가운데 적어도 하나는 왼쪽에 있다"를 뜻한다. 한편 "구구와 누누는 왼쪽에 있다"와 "두두와 루루는 왼쪽에 있다"는 "두 사물 모두 왼쪽에 있다"를 뜻한다. 이제 우리는 다음과 같이 추론할 수 있다.

두 사물 가운데 적어도 하나는 왼쪽에 있다. 우리는 왼쪽에 있는 사물들 가운데 하나에 이름 "무무"를 주겠다. 이로부터 우리는 "무무는 왼쪽에 있다"를 추론할 수 있다. 우리는 정보 "무무는 왼쪽에 있다"를 얻는다. "무무는 왼쪽에 있다"를 안 다음에 "두 사물 모두 왼쪽에 있다"의 믿음직함은 1/2이다. 따라서 두 사물 가운데 적어도 하나는 왼쪽에 있음을 안 다음에 "두 사물 모두 왼쪽에 있다"의 믿음직함은 1/2이다.

이름이 참말로 이처럼 중요한가? 우리가 사물에 아무렇게 이름을 주면 명제의 믿음직함이 바뀌는가? 하지만 이 추론에 숨은 오류가 있다.

인식 상황 EC_1에서 명제 "구구는 왼쪽에 있다"의 믿음직함은 2/3였다. 새 정보 "구구는 왼쪽에 있다"를 안 다음 우리는 새 인식 상황 EC_2에 놓인다. 이 인식 상황에서 "두 사물 모두 왼쪽에 있다"의 믿음직함은 1/2로 올라간다. 하지만 인식 상황 EC_1에서 우리 스스로 얻은 정보 "무무는 왼쪽에 있다"의 믿음직함은 얼마인가? 우리에게 이름 "무무"는 상자 안 왼쪽에 있는 사물들 가운데 하나에 붙인 이름이다. 인식 상황 EC_1에서 명제 "무무는 왼쪽에 있다"는 거짓일 수 없다. 곧 인식 상황 EC_1에서 명제 "무무는 왼쪽에 있다"의 믿음직함은 1이다. 이 명제가 정보로 주어지더라도 우리는 새로운 인식 상황에 놓이지 않는다. 왜냐하면 우리에게 새로 주어진 정보가 없기 때문이다. 이 경우 정리 T17에 따라 기존 믿음직함은 바뀌지 않는다. 따라서 "두 사물 모두 왼쪽에 있다"의 믿음직함은 처음 그대로 1/3이다.

0403. 치우친 절차

두 사물과 그 이름에 얽힌 수수께끼와 오류를 더 이야기하겠다. 마틴 가드너는 1959년 『사이언티픽 아메리칸』에서 '두 아이 문제'로 알려진 물음을 던졌다. "스미스에게 두 아이가 있다. 적어도 한 아이는 아들이다. 두 아이 모두가 아들이라는 데 얼마큼 믿어야 하는가?" "존스에게 두 아이가 있다. 큰 아이는 딸이다. 두 아이 모두가 딸이라는 데 얼마큼 믿어야 하는가?" 첫째 물음을 "스미스의 두 아이 문제"라 하고 둘째 물음을 "존스의 두 아이 문제"라 한다. 우리는 이 문제들의 고갱이만 다루려고 다음을 가정한다. 먼저 여아 출생률과 남아 출생률은 같다. 그다음 둘째 아이의 성별은 첫째 아이의 성별에 영향받지 않는다. 끝으로 쌍둥이의 경우에도 앞의 두 가정이 성립한다. 가드너는 스미스의 두 아이 문제에 1/3이라고 답하고 존스의 두 아이 문제에 1/2이라 답했다.

    루마 포크는 1978년에 출판된 책에서 조금 더 어려운 물음을 물었다. "스미스는 두 아이의 아버지다. 우리가 거리에서 소년과 함께 걷고 있는 그를 만났을 때 그는 그 소년이 자기 아들이라고 자랑스럽게 소개했다. 스미스의 다른 아이도 아들이라는 데 얼마큼 믿어야 하는가?" 많은 학자는 포크의 물음에 1/2이라 답해야 한다고 주장한다. 이론 물리학자

레오나르드 믈로디노프는 2008년에 출판된 『고주망태 걸음』에서 한 아이의 이름을 알려주는 것이 두 아이의 성별이 같으리라는 믿음직함을 높인다고 주장한다. 그에 따르면 정보 "적어도 한 아이가 딸이다"만 알려주면 두 아이 모두가 딸이리라는 믿음직함은 1/3이다. 하지만 그에 따르면 정보 "그 딸아이 이름은 '플로리다'다"까지 알려주면 그 믿음직함은 1/2로 높아진다. 2010년 제9차 가드너 모임에서 게리 포쉬는 새로운 물음을 물어 1959년 가드너의 처음 물음을 다시금 유행시켰다. BBC 뉴스에서는 "화요일 아들"이라는 제목으로 칼럼이 나갔다. "나는 두 아이를 두고 있다. 하나는 화요일에 태어난 아들이다. 내 아이 둘 다가 아들이리라는 믿음직함은 얼마인가?" 포쉬는 한 아이가 각 요일에 태어날 가능성이 모두 같다면 자기 물음의 답은 13/27이어야 한다고 주장했다.

믈로디노프의 물음을 조금 더 깊게 생각하는 것이 낫겠다. 우리는 상금 씨를 순전히 우연히 만났다. 우리가 아는 것은 상금이 두 아이를 두었고 적어도 한 아이는 딸이라는 사실이다. 우리가 상금을 우연히 만났다는 것은 상금은 '아이가 둘이고 적어도 하나가 딸인 어머니들' 가운데서 마구잡이로 뽑힌 사람임을 뜻한다. 상금은 우리에게 이렇게 물었다. "나의 아이들 모두가 딸이리라는 믿음직함은 얼마인가?" 이 물음을

"물음 기역"이라 하겠다. 이 물음의 답은 1/3이다. 우리가 가진 정보를 바탕으로 생각할 때 상금의 아이들은 다음 세 경우 가운데 하나다. 한 경우는 첫째 딸 둘째 딸, 다른 경우는 첫째 딸 둘째 아들, 나머지 경우는 첫째 아들 둘째 딸이다. 둘 모두 딸인 경우는 셋 가운데 한 경우다. 따라서 물음 기역의 답은 1/3이다.

물음 기역을 물은 뒤 상금은 자기 딸 이름이 "보미"라면서 우리에게 이렇게 물었다. "나의 아이들 모두가 딸이리라는 믿음직함은 얼마인가?" 이 물음을 "물음 니은"이라 하겠다. 이 물음의 답은 1/2인 것 같다. 보미를 빼면 상금의 남은 아이는 하나. 우리는 그 아이가 아들인지 딸인지만 가늠하면 된다. 그 아이가 딸이리라는 믿음직함은 1/2이다. 이것은 상금의 아이 둘 다가 딸이리라는 믿음직함이 1/2임을 뜻한다. 이 답이 옳다면 상금의 딸 하나의 이름을 듣는 것 또는 아는 것은 그의 아이 둘 모두가 딸이리라는 믿음직함을 높인다. 상금의 한 아이가 딸임을 이미 아는 우리가 그의 딸 이름을 하나 듣는 것이 왜 그의 두 아이가 모두 딸이리라는 믿음직함을 높일 수 있을까?

하지만 포크의 물음, 플로디노프의 물음, 물음 니은에서 "바로 이 아이는 내 아들이다", "내 딸아이 이름은 플로리다

다", "보미는 내 딸이다" 따위 정보가 무슨 절차를 거쳐 우리에게 주어졌는지 잘 따져야 한다. 추론이든, 증언이든, 관찰이든, 한 증거가 우리에게 주어지는 절차는 크게 두 가지로 나눌 수 있다. 하나는 치우친 절차를 거친 것이고 다른 하나는 마구잡이 절차를 거친 것이다. 치우친 절차는 해당 정보를 이미 가진 누군가가 또는 정보를 전달하는 통로 자체가 특정 관찰, 증언, 증거를 골라 해당 증거를 우리에게 주는 절차다. 마구잡이 절차는 해당 정보를 이미 가진 누군가가 특정 관찰, 증언, 증거를 고르지 않고 해당 증거가 우리에게 마구잡이로 주어지는 절차다. 자연에서 통상 어쩌다 일어나는 일은 마구잡이 절차를 거친다.

정보가 주어지는 절차가 다르면 그 정보를 바탕으로 한 명제의 믿음직함 센도 다를 수 있다. 이 현상을 "선택효과"라 하고 관찰이 끼어들 때 생기는 선택효과를 "관찰 선택효과"라 한다. 우리는 우리에게 정보가 주어지는 절차가 언제나 마구잡이 절차라 가정하곤 한다. 물음 니은에서 상금은 자기 아이들 가운데서 마구잡이로 보미를 뽑아 "보미는 딸이다"를 알려준 것이 아니다. 그는 자기 아이들 가운데서 딸인 아이를 하나 골라 "보미는 딸이다"를 우리에게 알려주었다. 물음 니은에서 딸이 아닌 아이가 뽑힐 가능성은 애초에 없었다. 상금이 우리에게 준 정보 "보미는 딸이다"는 치우친 절차를 거쳐 주어진 정보였다. 상금이 알려준 이름이 무엇이든 그 아이는 딸이기로 되어 있다. 이름 자체가 우리에게 새로 알려주는 것은 아무것도 없다. 치우친 절차를 거쳐 알려진 정보 "보미는 딸이다"는 그의 아이 모두가 딸이리라는 우리 믿음에 도움이 되지 않는다. 물음 기역의 답이 1/3이면 물음 니은의 답도 1/3이다. 물음 니은의 답이 1/2이라 추론하는 것은 오류다.

    게리 포쉬의 정보 "한 아들은 화요일에 태어났다"는 치우친 절차로 주어졌다. 그는 요일을 먼저 고르고 그 요일에 태어난 아이가 있는지 살펴본 것이 아니다. 그는 먼저 자기 아들을 고르고 그 아들이 태어난 요일을 말했을 뿐이다. 그가 딸인 아이가 태어난 요일을 말할 가능성은 애초에 없었고 그가 아들이 태어난 요일과 다른 요일을 말할 가능성도 애초에 없었다. 그의 아들 하나가 월요일에 태어났다면 그는 우리에게 "한 아들은 월요일에 태어났다"를 알려주었을 것이다. 요일 자체가 우리에게 새로 알려주는 것은 아무것도 없다. 그가 우리에게 준 정보는 치우친 절차를 거쳐 생겨난 정보다. 그 정보는 그의 아이 모두가 아들이리라는 우리 믿음에 도움이 되지 않는다. 우리가 그 정보를 알게 되더라도 그의 아이 모두가 아들이리라는 믿음직함은 여전히 1/3이다. 포쉬 물음의 답변이

13/27이라 추론하는 것은 오류다. 만일 우연히 지나가는 사람을 목격했는데 그가 스미스의 아들임을 알게 된다면 이 정보는 마구잡이 절차를 거쳐 주어졌다. 루마 포크의 물음은 다소 미묘한 측면이 있다. 우리가 스미스를 만난 것이 우연이었다면 그렇게 그 소년을 만난 것도 우연이다. 이 경우 포크 물음의 답변은 1/2이다. 하지만 스미스가 언제나 자기 아들을 데리고 다니면서 그런 물음을 묻고 다니는 사람이면 그 물음의 답변은 1/3이다.

몬티 홀이 우리에게 준 정보는 치우친 절차를 거쳐 만든 정보다. 정보를 주는 사람이나 체계가 관련 정보를 다 아는 상태에서 그 정보의 일부를 우리에게 주었다면 우리가 얻은 정보는 대체로 치우친 절차를 거쳐 주어졌다. 상금이 우리에게 준 정보는 치우친 절차를 거쳐 생성된 정보다. 상금의 딸 이름을 듣는 것 또는 아는 것은 그의 아이 둘 모두가 딸이리라는 믿음직함을 높인다고 섣불리 생각해서는 안 된다. 마찬가지로 상금의 딸 얼굴을 보는 것 또는 아는 것은 그의 아이 둘 모두가 딸이리라는 믿음직함을 높인다고 섣불리 생각해서도 안 된다.

정보가 우리 믿음직함을 얼마나 바꿀지를 제대로 가늠하려면 그 정보가 어떤 절차를 거쳐 주어졌는지도 꼼꼼히 따져야 한다. 만일 관련 정보가 어쩌다 주어지지 않고 그 정보를 이미 아는 이가 그 정보를 특별히 골라 우리에게 주었다면 그 정보는 때때로 우리의 믿음직함을 높이거나 낮추지 못한다. 한 정보가 우연히 또는 자연히 우리에게 주어지지 않으면 그 정보는 관련 명제를 뒷받침하지 못할 수 있다. 정보를 관리하는 거대한 체계가 우리를 속이려 할 때 믿음직함의 규칙들만을 갖고 게으르게 기계처럼 셈하는 것만으로는 그 속임수를 막아내지 못한다. 우리는 정보가 주어지는 절차도 함께 따져야 하며 이것이 정보를 제대로 파악하는 길이다.

정보를 전달하는 통로가 언제나 사람인 것은 아니다. 영국 물리학자 아서 스탠리 에딩턴[1882-1944]은 1939년에 나온 『물리과학의 철학』에서 그물 논증을 소개했다. 우리는 그물코 크기가 10cm인 그물로 한강에서 물고기를 잡았다. 우리는 잡힌 물고기들의 굵기가 모두 10cm보다 크다는 정보를 얻었다. 이 정보를 바탕으로 한강에는 10cm보다 큰 물고기만 산다고 결론 내리는 논증을 "그물 논증"이라 한다. 에딩턴은 이 논증이 오류라는 것을 잘 지적했으며 이 오류를 "그물 오류"라 할 수 있겠다. 우리가 얻은 그 정보는 왜 가설 "한강에는 10cm보다 큰 물고기만 산다"를 뒷받침하는 증거가 될 수 없는가? 물고기를 잡아 올리는 우리의 절차는 10cm보다 큰 물고기만을 고르도록 치우쳤다. 정보를 생성하는 통로 자체가 정보 "한강에서 잡은 물고기는 모두 10cm보다 크다"를 생성하도록 편향되었다. 이 때문에 우리에게 주어진 정보는 특정 가설을 뒷받침하는 데 쓰기 어렵다.

    제공될 정보를 선택하는 과정 때문에 정보가 다른 명제를 뒷받침할 힘을 잃거나 더 얻을 수 있다. 이것은 앞에서 말한 선택효과다. 이 효과들 가운데 관찰 선택효과는 관찰자, 관찰 장치, 관찰 통로 때문에 생기는 선택효과다. 우리가 오직 가시광선 영역의 빛만 감각한다는 사실로부터 바깥 모든 사물이 오직 가시광선 영역의 빛만 반사한다고 결론 내려서는 안 된다. 왜냐하면 우리의 맨눈은 애초부터 오직 가시광선 영역의 빛만 감각할 수 있기 때문이다. 정보 "지구에서 감각된 모든 빛은 가시광선이었다"는 우리 맨눈과 시각중추에 주어진 정보다. 우리의 맨눈과 시각중추는 가시광선만을 전달해주는 통로다. 우리의 관찰 통로 자체가 특정한 빛 영역만을 선택한다. 정보 "지구에서 감각된 모든 빛은 가시광선이었다"는 치우친 절차를 거쳐 주어진 셈이다. 이 때문에 그 정보는 가설 "지구에서 모든 사물은 오직 가시광선 영역의 빛만 반사한다"를 뒷받침하지 못한다. 지구에 다른 빛이 없어서 우리에게 그런 정보가 주어진 것이 아니다. 우리 맨눈은 가시광선 말고 다른 빛을 감각할 수 없기에 정보 "지구에서 감각된 모든 빛은 가시광선이었다"가 우리에게 주어질 뿐이다.

에딩턴의 그물 사례는 선택효과를 고려할 때 따져야 하는 부등식이 무엇인지 잘 드러낸다. 우리는 정보 "그물에 잡힌 모든 물고기가 10cm를 넘었다"를 얻는다. 이 정보를 E라 하겠다. 우리는 두 가설을 고려한다.

A: 호수의 모든 물고기는 10cm를 넘는다.
B: 호수의 몇몇 물고기는 10cm를 넘지 않는다.

이 정보는 가설 A와 가설 B 가운데 무엇을 더 뒷받침할까? C(E|A)는 1이지만 C(E|B)는 1보다 작다. 이 때문에 C(E|A) > C(E|B)는 참이다. 우리는 다음 "그럴듯함의 법칙" 또는 "우도의 법칙"을 받아들인다.

PL. 만일 C(E|H) > C(E|G)면 반드시 정보 E는 가설 G보다 가설 H를 더 뒷받침한다.

그럴듯함의 법칙에 따르면 정보 E는 가설 B보다 가설 A를 더 뒷받침하는 듯하고 이 때문에 그물 논증은 마땅한 듯하다. 하지만 에딩턴은 E가 A와 B 가운데 무엇을 더 뒷받침하는지 제대로 가늠하려면 그 물고기를 어떤 방법으로 잡았는지도 고려해야 한다고 주장한다. 물고기를 잡을 때 그물을 썼다면 그물코 크기는 잡힐 물고기의 크기를 선택한다. 호수의 가장 작은 물고기 크기보다 그물코 크기가 작은 그물을 썼다면 그물은 잡힐 물고기 크기를 선택하지 않는다. 하지만 그물코 크기가 10cm면 오직 10cm보다 큰 물고기만 잡힐 것이다.

이제 우리는 두 보조 가설을 고려한다.

C: 쓴 그물의 그물코 크기는 호수의 가장 작은 물고기보다 작다.

D: 쓴 그물의 그물코 크기는 10cm다.

보조 가설 C가 참임이 알려진 인식 상황에서 믿음직함 함수를 C´라 하겠다. 이 경우 C´(E|A) = C(E|A&C)와 C´(E|B) = C(E|B&C)가 성립한다. 따라서 "C´(E|A) > C´(E|B)"와 "C(E|A&C) > C(E|B&C)"의 참값은 같다. 두 부등식 가운데 무엇을 쓰든 정보 E는 가설 B보다 가설 A를 더 뒷받침한다. 하지만 보조 가설 D가 참임이 알려지면 정보 E가 치우친 절차로 얻어졌다는 사실도 알려진다. 이러한 치우친 선택 과정 때문에 그 정보는 가설을 뒷받침하는 힘을 잃을 수 있다. 만일 보조 가설 D가 참임이 알려지면 선택효과를 고려해 정보 E의 가설 입증 여부를 다시 가늠해야 한다. 선택효과를 고려하려

면 우리가 가늠해야 하는 부등식은 "C(E|A&D) > C(E|B&D)"다. 이를 셈하면 C(E|A&D) = C(E|B&D) = 1이다. 이 경우 "C(E|A&D) > C(E|B&D)"는 성립하지 않는다. 따라서 보조 가설 D가 참임이 알려지면 정보 E는 가설 A와 B 가운데 어느 하나를 뒷받침하는 증거가 되지 못한다. 선택효과 때문에 그 증거는 입증하는 힘을 잃었다. 보조 가설 D가 참임이 알려지면 그물 논증은 오류를 저질렀다고 보아야 한다.

호수에 온갖 크기의 물고기들이 산다는 사실은 널리 알려진 배경지식이다. 이 점에서 정보 E로부터 가설 A가 참인지 가설 B가 참인지 묻는 일은 어리석다. 그 대신 정보 E로부터 물고기를 잡은 사람이 어떤 그물을 썼을까 하고 묻는 것이 낫다. 다시 말해 우리는 가설 C가 참인지 가설 D가 참인지 묻는 것이 낫다. 이 경우 우리가 셈해야 하는 부등식은 C(E|A)와 C(E|B) 사이의 부등식이 아니라 C(E|C)와 C(E|D) 사이의 부등식이다. 가설 A가 맞는지 가설 B가 맞는지를 물을 때 우리는 선택효과를 고려해야 할까 말까를 고민했다. 하지만 가설 C가 맞는지 가설 D가 맞는지를 물을 때 우리는 주어진 정보가 선택 과정의 결과인지 아닌지를 묻는다. 쓴 그물의 그물코 크기가 10cm임을 알면 우리는 그물에 잡힌 모든 물고기가 10cm를 넘는다는 것도 안다. 따라서 C(E|D) = 1. 반면 그물코 크기

가 아주 작은 그물에 잡힌 모든 물고기가 10cm를 넘으리라는 믿음직함은 매우 작다. 따라서 C(E|C)는 1보다 작다. C(E|D)가 1이고 C(E|C)가 1보다 작다는 사실은 정보 E가 주어진 상황에서 가설 C보다 가설 D가 더 믿음직하다는 점을 말해준다.

0404. 코기토

나는 믿는다. 나는 생각한다. "나는 믿는다"나 "나는 생각한다"는 우리가 지금 가진 가장 확실한 정보다. 이를 "코기토"라 한다. 말하고 믿고 생각하는 이를 우리는 "마음" "의식" "주체" "자아" "나" 따위로 부른다. 나는 "나는 있다"를 믿는다. 나는 "나는 믿는 이로서 있다"를 믿는다. 내가 이렇게 믿는다면 "나는 있다"나 "나는 믿는 이로서 있다"가 거짓일 수 없다. 믿음 "나는 있다"는 내가 까닭을 갖고 믿는 참인 믿음이다. 만일 내가 "나는 있다"를 믿는다면 나에게 "나는 있다"는 믿음일 뿐만 아니라 앎이다. 따라서 믿음은 믿음으로 끝나지 않고 앎에 이를 수 있다.

고고는 잠든 뒤 깨어나자마자 자신이 잠들기 전의 고고와 같은 사람임을 믿는다. 고고의 이 믿음은 거짓일 수 있다. 하지만 "나는 있다"는 고고의 믿음은 거짓일 수 없다. 고고는 집의 어느 방에서 지금 깨어났는지 감을 잡지 못할 수 있다. 자신이 큰 방에서 깨어났는지 작은 방에서 깨어났는지 모를 수 있다. 고고는 지금이 어느 때인지 모를 수 있다. 하지만 고고의 믿음 "나는 지금 여기에 있다"는 거짓일 수 없다. 그가 그 믿음을 갖자마자 "나"와 "지금"과 "여기"의 뜻이 그 자리에서 생겨난다. 고고는 믿는 이로서 그때 그곳에 있었다. 나도 지금 여기 믿는 이로서 있다. "나는 지금 여기에 믿는 이로서 있다"가 나에게 어떤 앎을 줄 수 있는가? 나의 이 믿음이 줄 수 있는 앎은 어디까지인가?

우리가 믿음을 가지려면 우리는 '나' '지금' '여기' 개념을 미리 갖추어야 한다. 이런 개념들을 갖지 않은 채 믿음을 가질 수는 없다. '나' '지금' '여기' 개념은 의식이 이미 가진 바탕 개념이다. 더 또렷이 말해 믿는 이는 자기 나름의 시공간 좌표를 갖는다. 그 시공간 좌표의 중심에 자기 자신이 있다. '지금'은 의식이 작용하는 시점이고 '여기'는 그 지점이며 '나'는 그 의식이다. '주관 시공간'은 개인 의식이 갖는 시공간 좌표다. 일상생활에서 우리의 주관 시공간은 다른 사람들의 주관 시공간과 조율된다. '상호주관 시공간' 또는 '공공 시공간'은 한 공동체 안 개인들의 주관 시공간들이 조율되어 의사소통의 배경이 되는 시공간이다.

한 개인은 감각기관으로 공통 시공간에 있는 사건과 사물을 다른 개인들과 함께 겪는다. 사람들은 해나 달 같은 공통 현실 세계의 사건과 사물을 함께 겪어오면서 그들의 상호주관 시공간을 객관 시공간에 맞추는 방법을 고안해 왔다. 이른바 '동기화'는 두 시공간 체계들을 서로 맞추는 일이다. 해나 달의 주기 운동으로 한 해, 한 달, 한 날, 한 시 등을 정의하고, 길이 표준자를 정해서 거리 또는 공간을 객관화한다. 엄밀한 의미의 객관 시공간이 있는지는 의심의 여지가 있다. 하지만 사람들은 시간 측정과 공간 측정을 객관화하고 표준화하는 일을 멈추지 않는다. "1초"나 "1미터" 같은 것은 객관 시공간 낱말로 여길 수 있다.

사람들은 지도, 시계, 달력 따위를 써서 자신의 주관 시공간을 상호주관 시공간 및 객관 시공간과 동기화한다. 우리는 상호주관 시공간 낱말 "하루"와 주관 시공간 개념을 엮어 "어제" "오늘" "내일" 같은 낱말을 만든다. 이 낱말들은 상호주관 시공간 낱말이라기보다 주관 시공간 낱말에 더 가깝다. "지난달" "이번 달" "다음 달" "작년" "올해" "내년"도 주관 시공간 낱말들이다. "여기서 1미터 오른쪽"이나 "지금부터 100초 뒤"도 상호주관 시공간 낱말을 품지만 사실상 주관 시공간 표현이다.

사람들은 다른 사람의 주관 시공간 표현을 상호주관 시공간 표현으로 옮긴 뒤에야 그 표현을 이해할 수 있다. "지금은 2024년 5월 18일 정오다"나 "여기는 광주 5·18민주광장 민주의 종 앞이다"는 주관 시공간을 상호주관 시공간과 동기화하는 진술이다. 주관 시공간을 상호주관 시공간과 동기화하려면 우리는 "지금은 T다"나 "여기는 X다" 같은 명제를 믿어야 한다. "지금"과 "여기"는 주관 시공간 낱말이지만 T와 X 자리에는 상호주관 시공간 또는 객관 시공간 표현이 와야 한다. "나는 안중근이다" 같은 믿음은 주관 주체 '나'를 다른 사람들이 알아볼 수 있는 사물과 동기화한다.

많은 경우 골방에 혼자 있는 사람조차도 자기 몸이 다른 집들, 도로, 산들, 도시들, 나라들과 대략 어떻게 관계 맺고 있는지, 자신의 지금 시간이 달력의 어느 시점에 표시될 수 있는지 대략 가늠할 수 있다. 하지만 나쁜 꿈을 길게 꾼 다음 깨어났을 때나 넋을 잃었다가 넋을 차렸을 때 자신의 주관 시공간을 공공 시공간과 동기화하지 못할 때가 더러 있다. 이럴 때 다른 사람들의 시공간 용어를 이해하지 못하고 자기 자신의 시공간 용어도 이해받지 못하곤 한다. 자신의 주관 시공간을 상호주관 시공간과 동기화하지 못해 자신의 시공간 좌표를 공공의 시공간 좌표에 제대로 위치시키지 못할 때 그는 '자기 자리 믿음' 또는 '자기 위치 정보' 더 짧게 '자기 정보'를 잃었다고 한다. 우리가 "지금은 T다"나 "여기는 X다" 또는 "나는 S다" 같은 명제를 믿지 않을 때 우리는 자기 자리 믿음을 잃는다.

데이비드 루이스[1941-2001] 같은 철학자는 사람의 모든 믿음이 사실상 자기 자리 믿음이라 주장한다. 사람은 자기 주관 시공간을 공공의 시공간과 동기화하지 못하더라도 여전히 의식을 가질 수 있다. 하지만 나 개념과 주관 시공간을 갖지 않으면서 의식을 가질 수는 없다. 우리는 의식을 가진 다음 여러 경험을 통해 차츰 자기 주관 시공간을 공공의 시공간과 동기화한다. 아예 캄캄하고 주위 어떤 사물도 만질 수 없고 움직일 수 없을 때조차도 의식이 있는 한 우리는 주관 시공간을 갖는다. 이전에 가진 자기 위치 정보를 잃었더라도 우리는 주관 시공간을 언제든지 재설정할 수 있다. '지금' '여기' '나'는 그러한 재설정 과정의 산물이다.

깨어났을 때 내가 평강공주인지 허난설헌인지 모를 때에 나는 "나는 이제부터 나혜석이다"를 믿을 수 있다. 내가 평강공주와 허난설헌 가운데 하나고 다른 정보가 없다면 나는 무차별 원리에 따라 "나는 허난설헌이다"를 1/2만큼 믿는다. 이 믿음에서 '나'는 내가 이제 막 새로 설정한 주관 주체다. 지금 깨어난 내가 여기가 101호실인지 102호실인지 아예 모르지만 두 방 가운데 하나에 내가 있다면 나는 무차별 원리에 따라 "여기는 101호실이다"를 1/2만큼 믿는다. 이 믿음에서 '여기'는 내가 이제 막 새로 설정한 주관 공간이다. 마찬가지로 내가 긴 잠에서 깨어났는데 지금이 1월 1일인지 1월 2일인지 아예 모르지만 두 날 가운데 하루면 나는 무차별 원리에 따라 "지금은 1월 1일이다"를 1/2만큼 믿는다. 이 믿음에서 '지금'은 내가 이제 막 새로 설정한 주관 시간이다.

내가 믿음을 갖는 한 나는 '나' '지금' '여기'를 다시 설정해서 그와 관련된 믿음직함을 갖는다. 이 믿음직함으로부터 우리는 새로운 정보를 얻을 수 있다. 물리학자 리처드 고트는 1969년 정보 "나는 베를린 장벽이 세워진 뒤 8년이 지난 지금 이 현장을 지켜본다"로부터 3년에서 24년 후 사이 베를린 장벽이 무너질 확률이 50%라고 예측했다. 물리학자 브랜던 카터는 1974년 정보 "우리는 관찰자로서 여기 있다"를 우주론 연구를 돕는 핵심 증거로 여길 수 있다고 제안했다. 철학자 존 레슬리는 1989년 정보 "나는 지구에 태어나 지금 여기 잠시 머문다"로부터 인류의 멸종이 예상보다 가까이 다가왔음을 추론할 수 있다고 주장한다. 철학자 닉 보스트롬은 2003년 우리가 미래 인류가 만든 가상 세계 안의 인물일 가능성이 높다는 논증을 고안했다.

고트가 1969년 베를린 장벽에 왔을 때 이 장벽은 세워진 지 8년이 되었다. 이 장벽이 언제 무너질지 모르지만 언젠가는 무너질 것이다. 이 장벽이 지속하는 전체 시간 길이가 L이면 고트는 L의 어느 시점에 이곳에 와 있을까? 그는 "나는 특별한 시점에 특별한 곳에 있는 특별한 사람이다"를 믿지 않았다. 그는 "나는 특별하지 않은 한 시점에 여기에 서 있다"를 믿었다.

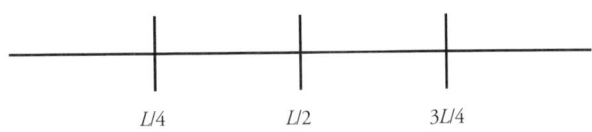

그는 "지금은 L의 1/4 시점에서 3/4 시점 사이다"를 1/2만큼 믿었다. 그는 지금이 L의 1/4에 이르지 않은 시점이리라는 데 1/4만큼 믿고 지금이 L의 3/4이 이미 지난 시점이리라는 데 1/4만큼 믿었다. 지금이 L의 1/4 시점이면 앞으로 3배 더 지나야 장벽이 무너진다. 8년의 3배는 24년이다. 지금이 L의 3/4 시점이면 앞으로 1/3배 더 지나야 장벽이 무너진다. 8년의 1/3배는 3년이 못 된다. 그는 베를린 장벽이 1972년에서 1993년 사이에 무너지리라는 데 1/2만큼 믿었다. 비슷한 방식으로 그는 공연 중인 뮤지컬이 언제까지 무대에 오를 수 있을지를 예측했다.

내가 창문 없는 방에서 내내 산다고 생각하겠다. 나는 건망증 때문에 내가 어느 도시에 사는지를 잊었다. 나는 목포 아니면 서울에 산다. 사람들이 적게 사는 목포와 사람들이 많이 사는 서울 가운데 나는 어디에 산다고 믿는 편이 나을까? 이것은 원래 존 레슬리의 물음이었다. 목포에는 25만 명이 살고 서울은 1,000만 명이 산다. 목포와 서울에 1,025만 명이 살고 나는 그 가운데 하나다. 내가 서울에 살고 있으리라는 믿음직함은 1000/1025이다.

비슷한 주제를 탐구하는 닉 보스트롬도 비슷한 물음을 던졌다. 우주에 100개의 세계가 있다. X 유형 세계들에는 사람이 살지 않으며 이런 세계들은 90개다. Y 유형 세계들에는 각 100만 명의 사람들이 있는데 이런 세계들은 9개다. 남은 1개 세계는 Z 유형인데 여기에 10억 명의 사람들이 있다. 우주의 어느 골방 안에 있는 사람은 자신이 어느 유형의 세계에 산다고 믿어야 하는가? 그는 자신이 10억9백만 사람들 가운데 하나라고 생각해야 한다. 따라서 그는 자신이 Z 유형 세계에 살리라고 '10억/10억9백만'만큼의 믿음직함으로 굳게 믿는다.

두 가설의 믿음직함을 가늠할 때도 이와 비슷하게 생각할 수 있다. 가설 A에 따르면 세계 안에 100억 명이 살지만 가설 B에 따르면 세계 안에 1,000억 명이 산다. 우리는 다음과 같은 "자기 표지 가정"을 받아들여도 될 것 같다.

> 자기 표지 가정: 당신은 관찰자들이 적게 있다는 가설보다는 관찰자들이 많이 있다는 가설을 더 굳게 믿어야 한다.

하지만 자기 표지 가정은 가능세계들에 있는 가능한 사람들에 적용해서는 안 되며 실현된 세계에 있는 실재하는 사람들에만 적용해야 한다.

보스트롬의 "나부대는 철학자" 생각실험은 자기 표지 가정을 함부로 써서는 안 된다는 점을 잘 보여준다. 2100년에 과학자들이 두 가지 우주론 가운데 어느 이론이 옳은지 탐구하고 있다. 우주론 A에 따르면 이 우주에 1,000억 명이 생겨나지만 우주론 B에 따르면 이 우주에 1,000조 명이 생겨난다. 물리학자들이 탐구하고 있는데, 한 철학자가 나서서, 탐구할 필요도 없이 우주론 B가 우주론 A에 견주어 약 10,000배 그럴듯하다고 나부댄다. 하지만 1,000억 사람들이 있는 세계와 1,000조 사람들이 있는 세계가 둘 다 실현된다고 착각하면 안 된다. 우리는 나부대는 철학자 생각실험의 상황을 1,000조1,000억 사람들이 아니라 1,000억 또는 1,000조 사람들이 있는 상황으로 다뤄야 한다. 두 가능세계 가운데 하나만 실현되는 상황은 두 가능세계가 모두 실현되는 상황과 근본 차원에서 다르다.

보스트롬은 '자기 표지 가정' 대신에 '자기 표본추출 가정'을 제안했다.

> 자기 표본추출 가정: 우리는 우리가 우리 준거 집단 안에 있는 모든 관찰자의 집합에서 마구잡이로 뽑힌 표본인 양 추리해야 한다.

믿음직함을 셈하는 이는 자신을 준거 집단 안에 있는 모든 의식의 모임에서 마구잡이로 뽑힌 한 사례로 여겨야 한다는 가정이다. 자신이 준거 집단 안에서 매우 특별한 사람인 양 뽐내서는 안 된다.

자기 표본추출 가정을 쓰면서 자신의 준거 집단을 무엇으로 잡아야 하는지 헷갈리기 때문에 믿음직함을 셈할 때 잘못을 저지를 수 있다. 그는 대안으로 '강한 자기 표본추출 가정'을 제안한다.

> 강한 자기 표본추출 가정: 우리는 우리의 현재 관찰 순간이 그 준거 집단 안에 있는 모든 관찰 순간의 집합에서 마구잡이로 뽑힌 표본인 양 추리해야 한다.

다시 말해 믿음직함을 셈하는 이는 지금의 의식 순간을 준거 집단 안에 있는 모든 의식 순간의 모임에서 마구잡이로 뽑힌 한 사례로 여겨야 한다. 여기서 "순간"을 "찰나의 순간"이 아니라 "특정 기간"으로 이해하는 것이 낫다. 가능한 의식 순간들의 전체 수는 알지만 실현된 의식 순간들의 전체 수를 모를 때는 자기 표지 가정을 되도록 쓰지 않는 것이 좋다. 하지만 실현된 의식 순간들의 전체 수를 알 때는 자기 표지 가정과 자기 표본추출 가정에 큰 차이가 없다.

내가 시간 흐름을 알아차릴 기억도 외부 정보도 전혀 없어 시간 흐름을 아예 감지하지 못할 때 마치 내가 시간마다 새로 생겨나는 듯하다. 내가 누구며 지금이 언제며 여기가 어디인지 전혀 감지하지 못할 때 나의 연속성 또는 단일성이 무너진다. 이 경우 예전 자아에서 지금 자아가 새로 갈라져 나왔거나 새로 생겨난 것으로 여겨도 된다. 만일 내가 하루 단위로 지독한 건망증을 앓는다면 나는 하루 단위로 새롭게 생겨난다. 나는 서울에 머무는 시간이 29,999일이고 개성에 머무는 시간이 하루지만 하루하루 기억을 잃어 여기가 어디인지 모른다. 하지만 나는 30,000일 모두에 서울이든 개성이든 어딘가에 머문다. 나는 30,000일 가운데 29,999일은 서울에 머물고 1일은 개성에 머문다. 이 경우 나는 지금 서울에 있으리라고 29999/30000만큼 믿어야 한다.

하루 단위의 시간 흐름을 감지하지 못하는 두 사람이 서로 떨어진 병실에서 죽음을 기다린다. 한 사람은 29,999일 동안 살고 다른 사람은 하루만 산다. 두 사람이 있고 이들이 사는 날은 합하여 30,000일이다. 30,000일 모두에 적어도 한 사람은 산다. 만일 내가 그 두 사람 가운데 하나면 나는 내가 29,999일 사는 사람이리라 29999/30000만큼 굳게 믿어야 한다. 이처럼 실현된 두 경우가 있고 내가 두 경우 가운데 무엇에 해당하는지 모를 때 나는 오래 사는 쪽에 있다고 믿어야 한다. 하지만 실현된 두 경우가 아니라 하나만 실현되는 두 가능한 경우라면 그렇게 생각해서는 안 된다. 가능한 경우들 가운데 오직 하나만 실현될 때 나는 더 오래 사는 쪽이 아니라 각 경우의 실현 가능성에 따라 믿음직함을 셈해야 한다.

두 실험 가운데 하나가 진행된다. 실험 A는 사흘에 걸친 실험이고 실험 B는 나흘에 걸친 실험이다. 실험 첫날 제1동에 사람 1명이 생겨난다. 이튿날 제2동에 사람 10명이 생겨난다. 사흘날 제3동에 사람 100명이 생겨난다. 나흘날 제4동에 사람 1,000명이 생겨난다. 이들은 생겨난 다른 이들을 볼 수 없으며 생겨난 뒤 하루만 산다. 나는 이와 같은 실험을 거쳐 생겨난 사람이다. 나는 나의 시간 위치 정보를 잃었다. 하지만 지금이 실험의 첫날이 아님을 안다. 내가 놓인 이 인식 상황을 EC_0이라 하고 이때의 믿음직함 함수를 C_0이라 하겠다. 나는 인식 상황 EC_0에서 "지금은 실험 이튿날이다"의 믿음직함을 셈하고자 한다. 나는 정보 "나는 실험 A로 생겨났다"를 알았는데 이 새 정보 때문에 인식 상황이 EC_A로 바뀌고 믿음직함 함수도 C_A로 바뀐다. "지금은 실험 이튿날이다"를 E로 쓰고 "나는 실험 A로 생겨났다"를 A로 쓰고 "지금은 첫날이 아니다"를 D로 쓰겠다.

실험 A로 생겨날 사람은 모두 111명이다. 만일 지금이 이튿날이면 사흗날에 생길 100명이 아직 생기지 않았지만 왜 나는 실현된 사람이 111명이라고 가정해야 하는가? 내가 시간 위치를 모르기 때문에 강한 자기 표본추출 가정에 따라 내 자아의 순간은 실현되는 모든 이의 순간들 가운데 하나라고 여겨야 한다. 이 경우 '실현될 사람'과 '실현되는 사람'은 가려지지 않는다. 한편 지금은 실험의 첫날이 아니기에 인식 상황 EC_A에서 실현되거나 실현될 사람은 110명이다. 지금이 둘째 날이면 모두 10명이 실현되는데 나는 그 가운데 한 명이다. 따라서 $C_A(E) = 10/110$.

인식 상황 EC_0에서 나는 새 정보 "나는 실험 B로 생겨났다"를 알았는데 이 새 정보 때문에 인식 상황이 EC_B로 바뀌고 믿음직함 함수도 C_B로 바뀐다. 실험 B로 생겨날 사람은 모두 1,111명인데 지금은 첫날이 아니기에 인식 상황 EC_B에서 실현되거나 실현될 사람은 모두 1,110명이다. 지금이 둘째 날이면 모두 10명이 실현되는데 나는 그 가운데 한 명이다. 따라서 $C_B(E) = 10/1110$. 한편 우리는 다음을 받아들인다.

$C_0(E|A) = C_A(E) = 10/110$

$C_0(E|B) = C_B(E) = 10/1110$

이제 만일 지금이 실험 이튿날임을 알지만 무슨 실험이 진행되는지 모른다면 나는 지금 실험이 실험 A라고 얼마큼 믿어야 할까? 정보 "지금은 실험 이튿날이다" 아래서 가설 "지금은 실험 A가 진행 중이다"의 그럴듯함 $C_0(E|A)$는 가설 "지금은 실험 B가 진행 중이다"의 그럴듯함 $C_0(E|B)$보다 크다. 그럴듯함의 법칙에 따라 정보 "지금은 실험 이튿날이다"는 가설 "지금은 실험 A가 진행 중이다"를 더 크게 뒷받침한다.

이것은 "종말 논증"으로 알려져 있다. 1983년 브랜던 카터가 그 첫 모습을 선보인 뒤 존 레슬리와 리처드 고트 등이 더욱 깔끔하게 다듬었다. 가설 "지금은 실험 A가 진행 중이다"는 인류의 멸종이 가까웠다는 가설에 해당하며 가설 "지금은 실험 B가 진행 중이다"는 인류의 멸종이 아직 멀었다는 가설에 해당한다. 인류 멸종에 관한 두 가설을 고려하겠다.

> H: 앞으로 생겨날 사람은 1,000억 명이고 22세기 이전에 이를 대부분 채운다.
> G: 앞으로 생겨날 사람은 10조 명이고 30세기가 되어도 이를 채우지 못한다.

가설 H는 미덥지 않기에 $C(H)$를 0.01로 잡고 반면 $C(G)$는 0.99로 잡는다. 우리 세대의 인구를 100억 명으로 잡는다. 이

경우 우리는 정보 "나는 우리 세대의 인구 100억 명 가운데 하나다"를 얻는다. 이 정보를 E라 하면 C(E|H)는 대략 100억 명을 1000억 명으로 나눈 값 곧 1/10이다. C(E|G)는 대략 100억 명을 10조 명으로 나눈 값 곧 1/1000이다. C(H|E) = C(E|H)C(H)/{C(E|H)C(H) + C(E|G)C(G)} = 100/199이며 약 0.5다. 종말이 가까웠다는 가설이 처음에는 1%만큼 믿겼지만 정보 E를 고려한 다음 50%로 높아졌다.

종말 논증은 앞으로 생겨날 사람들의 수가 1000억 명이든 10조 명이든 고정되었다고 가정한다. 이 가정을 받아들이면 종말 논증에 아무 오류가 없는가? 종말 논증에서 가장 중요한 어림은

$$C(E|H) \simeq 1/10$$
$$C(E|G) \simeq 1/1000$$

이다. 이 어림은 실험 A와 B의 경우 $C_0(E|A)$ = 10/110 및 $C_0(E|B)$ = 10/1110에 해당한다. C(E|H)와 C(E|G)를 어림하는 사람은 인식 상황 EC_0과 비슷한 상황에 놓여야 한다. 가설 H와 G에서 생겨난 사람의 인식 상황은 실험 A와 B에서 생겨난 사람의 인식 상황과 비슷한가? 가설 H와 G에서 명제 "나는 우리 세대의 인구 100억 명 가운데 하나다"는 실험 A와 B에서 명

제 "나는 우리 세대의 인구 10명 가운데 하나다"에 해당한다. "나는 우리 세대의 인구 10명 가운데 하나다"는 "지금은 실험 이튿날이다"와 논리 동치다. "나는 우리 세대의 인구 100억 명 가운데 하나다"는 "지금은 인류 역사 가운데 21세기다"와 논리 동치인가? 21세기 이전은 실험 A와 B에서 실험 첫날에 해당한다. 가설 H와 G에서 생겨난 사람은 보통 지금이 21세기 이전이 아님을 안다. 나아가 가설 H와 G에서 생겨난 사람은 지금이 21세기임을 이미 안다. 반면 실험 A와 B에서 생겨난 사람은 지금이 첫날이 아님을 알지만 지금이 실험의 이튿날인지 사흘날인지 나흘날인지 아예 모른다. 가설 H와 G에서 생겨난 사람의 인식 상황은 실험 A와 B에서 생겨난 사람의 인식 상황과 매우 다른 것 같다.

0405. 깨어남과 생겨남

처음 생겨난 이가 갖는 자기의식 정보는 다시 깨어난 이가 갖는 자기의식 정보와 다르다. 두 사람 곧 아담과 이브를 생각하겠다. 이들은 이미 생겨났고 잠든 뒤 다시 깨어나면 자신이 누구인지 안다. 우리는 다음처럼 이들을 다시 깨우는 실험을 할 수 있다. 아담과 이브가 각기 다른 방에 잠든 사이에 동전을 던져 앞면이 나오면 아담과 이브 가운데 한 사람만 깨우고 뒷면이 나오면 둘 다 깨운다. 이때 다시 깨어난 이들은 던진 동전이 앞면이 나왔으리라고 얼마큼 믿어야 하는가? 이 물음을 "깨어난 이의 물음"이라 하겠다.

명제들의 믿음직함을 셈하려고 각 명제를 다음과 같이 약칭한다.

앞: 일요일에 던진 그 동전은 앞면이 나온다.
뒤: 일요일에 던진 그 동전은 뒷면이 나온다.
아: 아담은 월요일에 깨어난다.
이: 이브는 월요일에 깨어난다.

일요일 저녁에 아담과 이브의 인식 상황은 EC_0이고 이때의 믿음직함 함수는 C_0이다. 월요일 아침에 아담과 이브 가운데 누군가 깨어났을 때 이들의 인식 상황은 $EC_깨$고 이때의 믿음직함 함수는 $C_깨$다. 인식 상황 $EC_깨$에서 아담 또는 이브의 믿음직함 $C_깨(앞)$을 셈하려 한다.

우리는 다음 믿음직함 값을 받아들인다.

$C_0(아|앞) = C_0(이|앞) = 1/2$

$C_0(아|뒤) = C_0(이|뒤) = 1$

$C_0(앞) = C_0(뒤) = 1/2$

이로부터

$C_0(아) = C_0(아|앞)C_0(앞) + C_0(아|뒤)C_0(뒤) = 3/4$

$C_0(이) = C_0(이|앞)C_0(앞) + C_0(이|뒤)C_0(뒤) = 3/4$

만일 아담이 월요일에 깨어났다면 그는 다른 것은 새로 알지 못한 채 정보 "아담은 월요일에 깨어난다"만을 새로 알게 된다. 그에게 $C_깨(앞)$은 다음과 같이 셈할 수 있다.

$C_깨(앞) = C_0(앞|아) = C_0(앞\&아)/C_0(아)$
$= C_0(아|앞)C_0(앞)/C_0(아) = 1/3$

마찬가지로 만일 이브가 월요일에 깨어났다면 그에게도 $C_깨(앞)$은 1/3이다. 아담이든 이브든 그가 인식 상황 $EC_깨$에 있다면 그에게 $C_깨(앞)$은 1/3이고 $C_깨(뒤)$는 2/3다.

다시 깨어난 이들은 앞면이 나왔더라면 자신이 줄곧 잠잘 수 있었으리라 생각한다. 하지만 자신이 지금 다시 깨어난 것을 보니 두 사람이 다 깨어나는 상황이 벌어졌으리라고 조금 더 굳게 믿는다. 실험에 N명의 사람이 참여하는 상황을 생각하면 이는 더욱 또렷하다. 동전이 앞면이 나오면 이들 가운데 오직 한 명만 깨우고 뒷면이 나오면 각기 다른 방에서 잠든 이들 모두를 깨운다. 잠에서 깨어난 사람에게 던진 동전이 앞면이 나왔으리라는 믿음직함은 $1/(N+1)$이다. 앞면이 나왔더라면 자신이 지금 자고 있으리라 생각한다. 하지만 자신이 지금 다시 깨어난 것을 보니 모든 이가 깨어나는 상황이 벌어졌으리라고 더 굳게 믿는다.

이제는 아담과 이브가 처음부터 아예 없었던 상황에서 아담 또는 이브를 생겨나게 하는 실험을 생각하겠다. 동전을 던져 앞면이 나오면 아담과 이브 가운데 한 사람만 생기게 한다. 뒷면이 나오면 아담과 이브 둘 다를 생기게 한다. 이때 이제 처음 생겨난 이들은 던진 동전이 앞면이 나왔으리라고 얼마큼 믿어야 하는가? 이 물음을 "생겨난 이의 물음"이라 하겠다. 생겨난 이들은 곧장 의식을 갖는다고 가정한다. 또한 생겨난 이는 자신의 성별을 알지 못하며 이름 "아담"과 "이브"만으로 성별을 감지하지 못한다.

우리가 셈해야 하는 명제들을 다음과 같이 짧게 쓴다.

담: 아담이 생겨난다.

브: 이브가 생겨난다.

나담: 생겨난 나는 아담이다.

나브: 생겨난 나는 이브다.

아담과 이브는 생겨났을 때 자신이 아담인지 이브인지 알지 못한다. 아담과 이브 가운데 누군가 생겨났을 때 이들의 인식 상황은 EC생이고 이때의 믿음직함 함수는 C생이다. 그는 실험의 설정을 모두 안다. 다시 말해 실험의 설정 자체가 인식 상황 EC생 안의 설정정보로 장착되었다. 우리는 인식 상황 EC생에서 아담 또는 이브의 믿음직함 C생(앞)을 셈하려 한다.

이 실험을 지켜보는 바깥 관찰자의 인식 상황을 EC밖이라 하고 이때의 믿음직함 함수를 C밖이라 하겠다. 그에게 C밖(앞) = C밖(뒤) = 1/2이다. 또한 C밖(담|앞) = C밖(브|앞) = 1/2이고 C밖(담|뒤) = C밖(브|뒤) = 1이다. 따라서 그에게

C밖(담) = C밖(담|앞)C밖(앞) + C밖(담|뒤)C밖(뒤)

= (1/2)(1/2) + (1)(1/2) = 3/4

이처럼 외부 관찰자에게 C밖(담)은 3/4이다.

아담과 이브가 생겨난 뒤 그는 인식 상황 EC생의 설정 정보를 바탕으로 자신이 마치 외부 관찰자인 양 추론할 수 있다. 이 때문에 생겨난 이들은 자신이 아담인지 이브인지 모르지만 다음 사실은 알 것 같다. 나는 이를 가정하는데 나의 논증을 반박하고 싶다면 이 가정을 부정해야 한다.

(1) $C생(담) = C생(브) = 3/4$

마찬가지로 다음을 가정한다.

$C생(담|앞) = C생(브|앞)$

$C생(담|뒤) = C생(브|뒤) = 1$

믿음직함의 정리에 따르면 $C(X \lor Y|Z) = C(X|Z) + C(Y|Z) - C(X\&Y|Z)$가 성립한다. $C생(담\&브|앞)$은 0이고 $C생(담\lor브|앞)$은 1이기에 $C생(담|앞)$과 $C생(브|앞)$은 1/2이다.

"동전이 뒷면이 나왔다"는 "아담과 이브가 모두 생겨났다"와 논리 동치다. 따라서 $C생(뒤) = C생(담\&브)$다. $C(X\lor Y) = C(X) + C(Y) - C(X\&Y)$가 성립하기에 우리는 다음을 얻는다.

$C생(뒤) = C생(담\&브) = C생(담) + C생(브) - C생(담\lor브)$
$= 3/4 + 3/4 - 1 = 1/2$

C생(뒤)가 1/2이니 C생(앞)도 1/2이다. 이것은 정보 "내가 생겨났다"가 여러 사람이 생겨났음을 입증하는 증거가 되지 못함을 뜻한다.

새로 생긴 이가 "담"을 안 다음 동전이 앞면이 나왔으리라고 얼마큼 믿어야 하는가? 여기서 가정해야 할 것이 있다. 정보 "아담이 생겨났다"가 새로 생긴 이에게 주어지는 절차는 다음과 같다. 먼저 새로 생겨난 이에게 정보 "아담 또는 이브가 생겨났다"를 알려준다. 새로 생긴 이가 이름 "아담"과 이름 "이브" 가운데 하나를 마구잡이로 뽑는다. 그가 "아담"을 뽑았다고 가정하겠다. 새로 생겨난 이가 다음과 같이 묻는다. "아담이 생겨났는가?" 이 물음에 대해 "그렇다"는 대답이 주어진다. 정보 "아담이 생겨났다"가 주어지는 이 절차는 마구잡이 절차다. 새로 생긴 이에게 마구잡이 절차를 거쳐 새 정보 "아담이 생겨났다"가 주어졌다고 가정한다.

새 정보 "아담이 생겨났다"를 안 다음 변화된 인식 상황을 EC담생이라 하고 이때의 믿음직함 함수를 C담생이라 하겠다.

C담생(앞) = C생(앞|담) = C생(담|앞)C생(앞)/C생(담)

= (1/2)(1/2)/(3/4) = 1/3

C담생(앞)은 1/3이기에 C담생(뒤)는 2/3이다. 이처럼 생겨난 이

가 정보 "아담이 생겨났다"를 새로 얻은 다음 $C_{닮생}$(앞)은 1/3로 낮아지고 $C_{닮생}$(뒤)는 2/3로 높아진다. 아담이 생겨났다는 정보는 여러 사람이 생겨났음을 입증한다. 마찬가지로 정보 "이브가 생겨났다"는 여러 사람이 생겨났음을 입증한다. 하지만 정보 "나는 생겨났다"는 여러 사람이 생겨났음을 입증하지 못한다.

새로 생긴 이에게 나중에 정보 "생겨난 나는 아담이다"를 알려줄 것이다. 이 정보를 생성하는 방법에는 크게 두 가지가 있다. (i) 생겨난 이가 "내 이름은 무엇인가"를 묻는다. 묻는 이가 이 물음을 들은 뒤에야 비로소 그에게 이름 "아담"을 지어준다. 그런 뒤 그에게 "너의 이름은 아담이다"를 말해준다. 이로부터 생겨난 이는 정보 "생겨난 나는 아담이다"를 얻는다. 이 정보는 치우진 절차를 거쳐 주어진 셈이다. 이 경우 "생겨난 나는 아담이다"의 믿음직함은 이름을 듣기 전에도 이미 1이다. 곧 $C_생$(나담) = 1. (ii) 생겨난 이가 생기자마자 그에게 이름을 지어준다. 지어줄 이름은 "아담" 또는 "이브"다. 이윽고 생겨난 이가 "내 이름은 무엇인가"를 묻는다. 이미 붙여진 이름을 그에게 알려준다. 그는 "너의 이름은 아담이다"를 듣는다. 이로부터 생겨난 이는 정보 "생겨난 나는 아담이다"를 얻는다. 이 정보는 마구잡이 절차를 거쳐 주어진 셈이다. 이 경우 C생(나담)은 1보다 작다.

이제 정보 "나는 생겨났다"가 여러 사람이 생겨났음을 입증하지 못함을 보이려 한다. 먼저 C생(나담)이 1/2임을 보이려고 다음을 가정한다.

(2) C생(나담|앞) = C생(나브|앞)

(3) C생(나담|뒤) = C생(나담|뒤)

가정 (2)와 (3)은 의심할 여지가 없다. 인식 상황 EC생에서 새 정보 "앞면이 나왔다"를 듣더라도 생겨난 이는 자신의 이름이 "아담"인지 "이브"인지 알 만한 다른 정보를 갖지 못한다. 무차별 원리에 따라 C생(나담|앞) = C생(나브|앞)이 성립한다. 마찬가지로 인식 상황 EC생에서 새 정보 "뒷면이 나왔다"를 듣더라도 생겨난 이는 자신의 이름이 "아담"인지 "이브"인지 알 만한 다른 정보를 갖지 못한다. 무차별 원리에 따라 C생(나담|뒤) = C생(나담|뒤)가 성립한다.

"나담∨나브"는 반드시 참이며 "나담"과 "나브" 가운데 오직 하나만 참이다. C생(나담∨나브|앞)은 1인데 C생(나담∨나브|앞) = C생(나담|앞) + C생(나브|앞)이기에 C생(나담|앞)과 C생(나브|앞)은 1/2이다. 마찬가지로 1 = C생(나담∨나브|뒤) = C생(나담|뒤) + C생(나브|뒤)기에 C생(나담|뒤)와 C생(나브|뒤)는 1/2이다. 이로

부터 C생(나담)을 셈할 수 있다.

$$C_{생}(나담) = C_{생}(나담|앞)C_{생}(앞) + C_{생}(나담|뒤)C_{생}(뒤)$$
$$= (1/2)\{C_{생}(앞) + C_{생}(뒤)\} = 1/2$$

마찬가지로 C생(나브)도 1/2이다.

이윽고 새로 생긴 이는 자신의 이름을 듣는다. 그는 정보 "나는 아담이다"를 알게 되었다. 새 정보 "나는 아담이다"를 안 다음 변화된 인식 상황을 EC나담이라 하고 이때의 믿음직함 함수를 C나담이라 하겠다. 이 인식 상황에서 C나담(앞)을 셈한다.

$$C_{나담}(앞) = C_{생}(앞|나담) = C_{생}(나담|앞)C_{생}(앞)/C_{생}(나담)$$
$$= (1/2)(1/2)/(1/2) = 1/2$$

곧 C나담(앞) = C생(앞|나담) = 1/2. 이로부터 C나담(뒤) = C생(뒤|나담) = 1/2. 따라서 새로 생긴 이가 자신의 이름을 듣더라도 지금 한 사람만 생겨났는지 두 사람이 생겨났는지 아예 가릴 수 없다. 정보 "아담이 생겨났다"는 가설 "지금 한 사람만 생겨났다"보다 가설 "두 사람이 생겨났다"를 더 뒷받침한다. 하지만 정보 "나는 아담이다"는 가설 "지금 한 사람만 생겨났다"와 가설 "두 사람이 생겨났다"를 똑같이 뒷받침한다. 마찬가지 논증을

써서 정보 "나는 이브다"는 가설 "지금 한 사람만 생겨났다"와 가설 "두 사람이 생겨났다"를 똑같이 뒷받침한다. 반면 정보 "이브가 생겨났다"는 가설 "지금 한 사람만 생겨났다"보다 가설 "두 사람이 생겨났다"를 더 뒷받침한다.

우리 생각실험을 넓혀 생겨난 이들이 한 명 또는 N명인 실험을 생각할 수 있다. 동전이 앞면이 나오면 한 명만 생기고 뒷면이 나오면 각기 다른 방에서 N명이 생긴다. 던진 동전이 앞면이 나왔으리라는 믿음직함은 새로 생긴 이에게 여전히 1/2이다. 이처럼 다시 깨어난 이의 물음과 새로 생긴 이의 물음은 다른 답을 갖는다. 이것은 정보 "나는 지금 여기 처음 생겨났다"와 정보 "나는 지금 여기 다시 깨어났다"가 우리의 믿음직함을 바꾸는 정도가 다름을 뜻한다. 만일 두 정보가 우리의 믿음직함을 바꾸는 정도가 다르면 두 정보는 다른 정보인 셈이다.

새로 생긴 이의 인식 상황은 다시 깨어난 이의 인식 상황과 매우 다르다. 이제 막 태어난 이의 인식 상황은 다시 깨어난 이의 인식 상황이라기보다 새로 생긴 이의 인식 상황에 가깝다. 태어난 이들이 때때로 묻는 물음 "나는 왜 하필이면 이렇게 태어났을까?"는 생겨난 이의 물음에 가깝다. 나는 왜 하필 키가 149cm밖에 되지 않으며 나는 왜 하필 여자로 태어났으며 나는 왜 하필 대한민국에서 태어났을까를 제대로 묻고 답하려면 새로 생긴 이의 물음을 잘 이해해야 한다. 우리가 사는 이 우주가 왜 하필이면 이런 모습을 갖느냐는 물음도 마찬가지다. 내 생각에 정보 "나는 생겨났다"는 정보 "누군가 생겨났다"와 다를 바 없다. 반면 정보 "나는 깨어났다"는 정보 "누군가 깨어났다"와 다르다.

다시 깨어난 '나'는 기억을 더듬어 과거로 거슬러 갈 수 있다. 하지만 새로 생긴 '나'는 그렇게 할 수 없다. 이제 막 의식이 생긴 이 또는 이제 태어난 이는 동전을 던질 때 자신이 없었음을 안다. 동전이 뒷면이 나오면 100억 명이 새로 생기지만 앞면이 나오면 오직 한 명만 생겨난다고 생각해 보라. 만일 내가 그렇게 생겨난 이면 하필 왜 내가 생겨났는지 묻는 것은 올바른 물음이 아니다. 왜냐하면 생겨난 다음에야 비로소 내가 나를 나로서 의식했을 뿐이기 때문이다. 나는 정보 "나는 생겨났다"가 거짓일 수 있음을 내가 생기기 전에 가졌던 적이 없다.

다시 깨어난 이는 지금 자신이 깨어났음을 스스로 안다. 의식을 잃었다가 다시 의식을 차린 이도 지금 자신이 의식을 되찾았음을 스스로 안다. 마찬가지로 이제 막 의식이 생긴 이는 지금 자신이 생겨났음을 스스로 안다. 다시 깨어난 이는 깨어나자마자 자신이 누구인지 알며 의식을 되찾은 이도 의식을 되찾자마자 대체로 자신이 누구인지 안다. 하지만 이제 막 의식이 생긴 이는 자신이 누구인지 알지 못한다. 이 사소한 차이 때문에 정보 "나는 다시 깨어났다"와 정보 "나는 비로소 생겨났다"는 다른 코기토 정보다.

이제 막 의식이 생긴 이가 자신의 이름을 탐구하여 얻은 정보 "나는 아담이다"는 가설 "지금 한 사람만 생겨났다"와 가설 "두 사람이 생겨났다"를 똑같이 뒷받침한다. 그가 자신의 성별을 탐구하여 얻은 정보 "나는 사내다"도 비슷하다. 물음 "왜 하필 나는 아담인가?"가 의미 없듯이 물음 "왜 하필 나는 사내인가?"도 의미 없다. 정보 "내 유전자는 이러저러하다"나 정보 "나는 대한민국에서 태어났다"는 내 존재의 비밀을 풀어준 만큼 대단한 정보가 아니다. 내 삶에 행운이 반복된다면 나는 행운의 반복을 설명할 존재의 비밀을 찾을 만하다. 하지만 내가 혜택받은 모국, 가문, 유전자를 갖고 태어났다면 이를 설명할 존재의 비밀은 따로 없다. 혜택받은 모국, 가문, 유전자 따위가 내 출생의 행운을 설명할 모든 것이다. 그것은 오직 행운일 뿐이며 행운 자체가 내 출생의 행운을 설명한다.

새로 의식을 가진 뒤에 나를 탐구함으로써 정보 "나는 병약하게 태어났다"를 얻었다면 "왜 하필 나는 병약하게 태어났는가?"는 의미 없는 물음이다. "왜 하필 나는 이런 유전자를 갖고 태어났는가?"에 대답해줄 만한 더 궁극의 비밀은 없다. "왜 하필"을 묻는 일은 생성의 비밀을 알려주지 않으며 내 현재 존재와 미래 삶의 비밀도 알려주지 않는다. 내 삶의 의미는 태생의 행운이나 불운에서 비롯되지 않는다. 슬기로운 이는 정보 "나는 병약하게 태어났다"를 다만 앞으로 닥칠 현실에 대처하는 데 활용할 뿐이다.

0406. 인간 원리

믿고 생각하고 말하고 관찰하는 우리는 138억 년 동안 자연사를 거쳐 이 세계에 생겨났다. 코기토 정보 곧 "나는 믿는다"나 "나는 생각한다"는 인식론에서뿐만 아니라 현대 우주론에서도 바탕 정보다. 1970년대 이후 몇몇 물리학자들 사이에서 우리 우주에 의식이 존재한다는 사실을 우주론 연구의 핵심 증거로 여기려는 움직임이 있었다. 그것은 "인간 원리" "드문 지구 논제" "미세조정 논증" 등 여러 가지 이름들로 나타났다. 우주에 의식이 출현하려면 그 우주는 매우 드물고 매우 까다로운 조건을 만족해야 한다. 우주가 초기조건 및 여러 물리상수가 정밀 조정된 것처럼 보이는 이 현상을 현대 우주론은 어쨌든 설명해야 한다.

여태 제안된 우주론들을 갈래지으면 크게 두 가지로 나눌 수 있다. 하나는 실현되었거나 실현될 세계가 하나밖에 없다는 '한 세계 우주론'이다. 다른 하나는 실현되었거나 실현될 세계가 여럿이라는 '여러 세계 우주론'이다. 한 세계 우주론은 다시 두 가지로 나눌 수 있다. 하나는 가능한 세계들 가운데 아무거나 하나가 우연히 실현된다는 '우연 우주론'이고 다른 하나는 가능한 세계들 가운데 지성이 출현하는 세계가 선택된다는 '지성 우주론'이다. 여러 세계 우주론도 다시 두 가지로 나눌 수 있다. 하나는 여러 세계가 한꺼번에 실현된다는 '카터 우주론'이고 다른 하나는 여러 세계가 차례대로 실현된다는 '휠러 우주론'이다.

여러 세계 우주론 때문에 우리는 "우주"와 "세계"를 잘 가려서 써야 한다. 여러 세계 우주론을 받아들이는 이들은 낱말 "유니버스" 대신에 낱말 "멀티버스"를 쓴다. 우리는 우주가 하나밖에 없다고 가정하고 "유니버스"든 "멀티버스"든 모두 "우주"라고 옮기겠다. 우리에게 낱말 "우주"는 실현된 전체 존재를 뜻한다. 반면 낱말 "세계"는 좁은 뜻으로 사용할 텐데 하나일 수 있고 여럿일 수 있다. 두 세계를 각기 다른 세계로 구별할 기준을 엄밀히 이야기할 수는 없다. 다만 운동법칙들, 중력 상수, 플랑크 상수, 볼츠만 상수, 빛의 속력, 전자의 전하량, 전자와 양성자의 질량비 등과 같은 주요 물리상수들의 값들이 하나의 세계를 정의한다고 보는 것으로 충분할 것 같다. 물론 세계를 이루는 근본 입자들 자체가 다르면 다른 세계로 구별되어야 한다.

다중 우주론 곧 여러 세계 우주론은 한 우주 안에 여러 세계가 있다는 견해다. 다중 우주론에 따르면 실현되리라 생각할 수 있는 거의 모든 세계가 실제로 실현된다. 여러 세계가 실현되는 방식에는 여러 가지가 있다. 카터 우주론 또는 평행 우주론에 따르면 여러 세계가 평행하게 이미 실현되어 있다. 휠러의 진동 우주론에 따르면 아주 긴 시간 동안 가능한 세계들이 생겼다 사그라들었다 한다. 양자역학의 많은 세계 해석에 따르면 측정 과정을 거쳐 세계들이 끊임없이 쪼개진다. 진화 우주론에 따르면 특정 물리 법칙들과 상수들을 갖춘 세계들이 선택 또는 적응 과정을 거쳐 최적화된 물리 법칙과 상수를 갖춘 세계로 진화한다.

한 세계 우주론은 실현된 세계가 하나밖에 없다고 주장한다. 우주 안에 실현된 세계가 하나밖에 없는데 거기에 '기적처럼' 의식을 가진 이가 산다. 이것이 기적인 까닭은 생명과 의식이 나타나려면 우주의 초기조건, 운동법칙들, 물리상수들이 자잘한 데까지 잘 맞춰져야 하기 때문이다. 우연 우주론은 의식이 나타나도록 우주가 미세 조정된 것처럼 보이는 것이 순전히 우연 때문이라 주장한다. 우연 우주론은 단순히 현재의 우리 우주에 생명이 어쩌다 생겨났음을 주장하는 견해가 아니다.

우연 우주론이 주장하는 것은 단 한 번의 우주 생성만으로 우연히 초기조건, 운동법칙들, 물리상수들의 조합 자체가 생명과 의식이 나타나도록 정밀 조정되었다는 것이다. 일단 초기조건, 운동법칙들, 물리상수들이 정해지면 물리 법칙에 따라 우리 우주에 엄청난 수의 항성들과 행성들이 생겨난다. 그 많은 항성계 가운데서 적어도 한 곳은 생명이 나타날 만한 곳이다. 진화생물학자 스티븐 제이 굴드[1941-2002]나 생물철학자 엘리엇 소버[1948-]는 우연 우주론을 옹호한다. 반면 지성 우주론에 따르면 본디 우주 안에서는 반드시 사람, 관찰자, 의식, 마음 등이 나타난다. 우주가 지성의 설계로 나타났다는 라이프니츠의 견해나 우주 자체가 생각한다는 스피노자의 견해는 여기에 속한다.

우리는 생명과 의식이 생기는 세계가 이미 실현되었다는 사실을 안다. 이 사실은 말하자면 "인간 사실"이다. 이 인간 사실을 잘 설명하는 우주론은 무엇일까? 우리가 견줄 우주론은 카터 우주론, 휠러 우주론, 우연 우주론, 지성 우주론이다. 먼저 카터 우주론과 휠러 우주론을 견주면 인간 사실은 두 우주론 가운데 어느 하나를 더 뒷받침하지 않는다. 이 논증을 여기서 다루지는 않겠다. 인간 사실의 관점에서 카터 우주론과 휠러 우주론은 동등한 우주론이다. 그다음 인간 사실이 카터 우주론과 지성 우주론 가운데 무엇을 더 뒷받침하는지 살펴보려 한다. 내 결론에 따르면 인간 사실은 카터 우주론과 지성 우주론 가운데 어느 하나를 더 뒷받침하지 않는다.

집합 $\{W_1, W_2, \cdots, W_M, \cdots, W_N\}$은 생기는 것이 가능한

세계들의 목록이다. 세계들의 수 N은 충분히 큰 수다. 이 가운데 사람들이 살 만한 가능세계들의 목록은 {W_1, W_2, ⋯, W_M}이다. 믿음직함을 셈해야 하는 명제들을 다음과 같이 짧게 쓴다. 아래에서 "사람"은 '의식을 가진 이'를 뜻한다.

> 지: 지성 우주론에 따라 한 세계만 생긴다.
>
> 다: 카터 다중 우주론에 따라 여러 세계가 생긴다.
>
> 의: 적어도 한 세계 안에 사람이 산다.
>
> 세$_i$: 세계 W_i가 생긴다.
>
> 나$_i$: 나는 세계 W_i 안에 사는 사람이다.

우리는 두 개의 믿음직함 함수를 생각해야 한다. 하나는 어느 실현된 세계 안에 있는 사람의 믿음직함이다. 이 사람의 인식 상황은 EC생이고 그의 믿음직함 함수는 C생이다. 다른 하나는 세계들 바깥에서 지켜보는 이가 갖는 믿음직함인데 그의 인식 상황은 EC밖이고 그의 믿음직함 함수는 C밖이다.

논증을 단순화하려고 C밖(지) = C밖(다) = 1/2을 가정한다. 인식 상황 EC생의 설정정보 안에 이미 "C밖(지) = C밖(다) = 1/2"이 담겼다. 논의를 단순화하여 카터 우주론에서는 {W_1, W_2, ⋯, W_M} 가운데서 오직 두 세계만이 생겨난다고 가정하겠다. {W_1, W_2, ⋯, W_M, ⋯, W_N}의 모든 세계가 생겨나는 경우에도 우리는 비슷한 논증을 펼칠 수 있다. 다음 값들은 명백하다. 아래에서 i와 j는 1에서 M까지 자연수고 i와 j는 다른 수다.

$C_{밖}(의) = C_{생}(의) = 1$

$C_{밖}(세_i|지) = C_{생}(세_i|지) = 1/M$

$C_{밖}(세_i|다) = C_{생}(세_i|다) = 2/M$

$C_{밖}(세_i|세_j\&다) = C_{생}(세_i|세_j\&다) = 1/(M-1)$

$C_{생}(나_i|지) = C_{생}(나_i|다) = 1/M$

이들 등식도 인식 상황 $EC_{생}$의 설정정보 안에 이미 담겼다. 이 등식들을 써서 다음을 얻을 수 있다. 아래에서 i와 j는 1에서 M까지 자연수다.

(i) $C_{밖}(세_i) = 3/2M$

(ii) $C_{밖}(세_i\&세_j) = 1/M(M-1)$

(iii) $C_{밖}(세_i \vee 세_j) = 3/M - 1/M(M-1)$

이를 하나씩 밝혀 보이겠다. (i) $C_{밖}(세_i) = C_{밖}(세_i|지)C_{밖}(지) + C_{밖}(세_i|다)C_{밖}(다) = 1/2M + 1/M = 3/2M$. (ii) $C_{밖}(세_i\&세_j) = C_{밖}(세_i\&세_j|지)C_{밖}(지) + C_{밖}(세_i\&세_j|다)C_{밖}(다) = C_{밖}(세_i\&세_j|다)C_{밖}(다) = C_{밖}(세_i\&세_j\&다) = C_{밖}(세_i|세_j\&다)C_{밖}(세_j\&다) = C_{밖}(세_i|세_j\&다)C_{밖}(세_j|다)C_{밖}(다) = (1/M-1)(2/M)(1/2)$

= $1/M(M-1)$. (iii) C밖(세$_i$∨세$_j$) = C밖(세$_i$) + C밖(세$_j$) − C밖(세$_i$&세$_j$) = $3/M - 1/M(M-1)$.

인식 상황 EC생에 있는 이는 의식이 생길 만한 가능세계들의 목록 {W$_1$, W$_2$, ⋯, W$_M$} 가운데 하나에 생긴 한 사람이다. 그에게 "세$_i$"의 믿음직함은 정보 "자신이 지금 여기 생겨났다"에 영향받지 않을 것 같다. 이 때문에 C생(세$_i$)는 바깥 관찰자가 셈한 "세$_i$"의 믿음직함과 같을 것 같다. 마찬가지로 C생(세$_i$∨세$_j$)도 바깥 관찰자가 셈한 "세$_i$∨세$_j$"의 믿음직함과 같을 것 같다. 따라서 우리는 다음을 가정할 수 있다. 아래에서 i와 j는 1에서 M까지 자연수다.

(1) C생(세$_i$) = C밖(세$_i$)

(2) C생(세$_i$∨세$_j$) = C밖(세$_i$∨세$_j$)

누군가 가정 (1)과 (2)를 미덥지 않게 생각할 수 있겠는데 나의 논증을 반박하려면 이 가정을 부정해야 한다.

이 가정들로부터

C생(세$_i$&세$_j$) = C생(세$_i$) + C생(세$_j$) − C생(세$_i$∨세$_j$)

= $1/M(M-1)$

을 얻는다. 또한

$$다 \Leftrightarrow 세_1 \& 세_2 \lor 세_1 \& 세_3 \lor \cdots \lor 세_{M-1} \& 세_M$$

이 성립한다. "다"가 참인 상황에서는 '세$_1$&세$_2$' 따위가 다른 짝들과 함께 참일 수 없다. 공리 C04에 따라

$$C생(다) = C생(세_1\&세_2) + C생(세_1\&세_3) + \cdots C생(세_{M-1}\&세_M)$$

"세$_i$&세$_j$" 따위 짝들은 모두 $M(M-1)/2$개 있기에 C생(다) = $M(M-1)/2 \times 1/M(M-1)$ = 1/2이다. 애초 C밖(지)와 C밖(다)가 똑같이 1/2이면 생겨난 세계 안에 있는 사람에게도 C생(지)와 C생(다)는 똑같이 1/2이다. 나아가 애초 C밖(지)는 a고 C밖(다)가 b면 생겨난 세계 안에 있는 사람에게도 C생(지)는 a고 C생(다)는 b다.

인식 상황 EC생에 있는 이에게 새 정보 "세계$_k$가 생겨났다"를 알려주면 "다"의 믿음직함은 어떻게 되는가? 이 인식 상황 변화에서 믿음직함 변화를 알려면 C생(다|세$_k$)를 셈해야 한다.

$$C생(다|세_k) = C생(세_k|다)C생(다)/C생(세_k)$$
$$= (2/M)(1/2)/(3/2M) = 2/3$$

이처럼 세계 안 사람에게 정보 "세계$_k$가 생겨났다"를 알려주면 다중 우주론이 참이리라는 그의 믿음직함은 본디 1/2에서 2/3로 높아진다. 다시 말해 실현된 세계 안 의식에게 정보 "세

계$_k$가 생겨났다"는 다중 우주론을 더 뒷받침하는 증거다.

인식 상황 EC생에 있는 이에게 새 정보 "나는 세계 W$_k$ 안에 있는 사람이다" 또는 "내가 사는 이 세계는 W$_k$다"를 알려주면 "다"의 믿음직함은 어떻게 되는가? 이 인식 상황 변화에서 믿음직함 변화를 알려면 C생(다|나$_k$)를 셈해야 한다. 먼저 C생(나$_k$)를 셈하면

$$C생(나_k) = C생(나_k|지)C생(지) + C생(나_k|다)C생(다)$$
$$= (1/M)(1/2) + (1/M)(1/2) = 1/M$$

이를 써서

$$C생(다|나_k) = C생(나_k|다)C생(다)C생(나_k)$$
$$= (1/M)(1/2)/(1/M) = 1/2$$

이처럼 실현된 세계 안 사람에게 정보 "내가 사는 이 세계는 W$_k$다"를 알려주면 다중 우주론이 참이리라는 그의 믿음직함은 바뀌지 않는다. 다시 말해 실현된 세계 안 의식에게 정보 "내가 사는 이 세계는 W$_k$다"는 지성 우주론과 다중 우주론 가운데 어느 하나를 더 뒷받침하지 못한다.

특정 세계가 실현되었다는 정보는 다른 세계도 실현되었음을 입증한다. 하지만 실현된 세계 안 사람들이 자기 세계

를 조사해 얻은 정보 "내가 사는 세계는 W_k다"는 그렇지 못하다. 우리가 사는 세계를 탐구함으로써 알게 된 "나$_k$"는 다른 세계도 생겨났음을 알려주는 실마리로 쓸 수 없다. 우리가 정보 "적어도 한 세계 안에 사람이 산다"를 쓰든 정보 "나는 바로 이 세계 안에 사는 사람이다"를 쓰든 다중 우주론의 믿음직함은 이들 정보 때문에 더 높아지지 않는다. 생겨난 의식의 자기의식 정보든 자기 세계 정보든 그 정보는 지성 우주론과 다중 우주론 가운데 어느 하나를 더 뒷받침하지 않는다. 이 점은 다중 우주론에 따라 만들어질 세계들의 수가 아무리 많더라도 달라지지 않는다. 방금 나는 코기토 정보 "나는 이 세계에 사는 사람이다"가 카터 우주론과 지성 우주론 가운데 어느 하나를 더 뒷받침하지 않음을 보였다. 그다음 나는 코기토 정보가 우연 우주론과 지성 우주론 가운데 지성 우주론을 더 뒷받침함을 보이겠다.

실현된 세계가 단 하나밖에 없다면 우리가 머무는 바로 이 세계가 그 하나밖에 없는 실현된 세계다. 실현된 세계가 하나밖에 없다면 여러 가능한 세계들 가운데 우연히 우리 세계가 실현된 것일까? 우연 우주론은 이 물음에 그렇다고 답한다. 지성 우주론은 아니라고 답한다. 실현된 세계 안에 우리처럼 의식을 갖추어 세계를 관찰하는 이가 있다는 사실은 우연 우주론을 더 뒷받침할까 아니면 지성 우주론을 더 뒷받침할까? 우리는 "지성" "사람" "관찰자" "의식"을 같은 뜻으로 쓰고 싶다. 서로 견줄 우주론들이 우연 우주론과 지성 우주론밖에 없다면 우리는 어떤 우주론을 더 그럴듯하게 여겨야 할까?

지성 우주론에 속하는 우주론 가운데는 하느님 같은 지성 설계자가 우주를 설계했다는 우주론이 있다. 낱말 "하느님"이나 "설계"는 너무 무거운 뜻을 품어서 첫눈에 우연 우주론을 그냥 믿어버릴 성싶다. 우연 우주론을 공평한 마음으로 평가하려면 이와 견줄 우주론이 듣기에 별 거부감이 없어야 한다. 지성 우주론은 하느님의 설계를 굳이 가정하지는 않는다. 지성 우주론은 생명과 지성이 생겨나는 세계만 실현되게 하는 특수한 선택 과정이 있었으리라 가정할 뿐이다. 진화과학은 그렇게 실현된 세계 안에서 어떻게 생명과 지성이 생길 수 있는지를 나름대로 잘 설명한다. 그 세계 안에 일단 지성이 생기면 그 지성은 그 세계를 관찰한다. 이처럼 지성 우주론은 진화과학과 양립할 수 있고 오히려 진화과학의 도움을 받아야 한다. 스피노자의 우주론은 지성 우주론의 본보기인데 나는 지성 우주론을 "스피노자 우주론"으로 부르고 싶다.

우리가 우리 세계를 관찰한다는 증거가 지성 우주론을 뒷받침한다는 논증이 20세기에 개발되었다. 이 논증은 흔히

"미세조정 논증"이라 불린다. 이 논증은 다음 사실을 받아들인다.

> 사람이 사는 이 세계의 초기조건, 운동법칙들, 물리상수들은 생명과 의식이 나타나도록 자잘한 데까지 잘 맞춰졌다.

우리와 같은 생명체가 이 세계에 생기려면 강한 핵력, 약한 핵력, 전자기력, 중력 등 물리 상호작용들을 좌우하는 우주 상수들의 값이 매우 좁은 범위 안에서 서로 맞아떨어져야 한다. 이를 "이 세계 안에 의식들이 생기도록 우주 상수들이 미세 조정되었다"고 말한다. 이 사실을 더 짧게 나타내면 "우주 상수들은 미세 조정되었다"가 된다. 이 미세조정 정보를 F라 쓰고 "지성 우주론에 따라 한 세계만 실현된다"를 A라 쓰고 "우연 우주론에 따라 한 세계만 실현된다"를 B라 쓰겠다.

미세조정 논증은 정보 F로부터 가설 B보다 가설 A가 더 믿음직하다고 결론 내린다. 이 논증은 우도의 법칙 또는 그럴듯함의 법칙을 쓴다.

> 만일 $C(F|A) > C(F|B)$면 미세조정 정보 F는 가설 B보다 가설 A를 더 뒷받침한다. $C(F|A) > C(F|B)$. 따라서 정보 F는 가설 B보다 가설 F를 더 뒷받침한다.

미세조정 논증은 C(F|A) > C(F|B)임을 보여줌으로써 미세조정 정보 F가 우연 우주론 B보다는 지성 우주론 A를 더 뒷받침한다고 결론 내린다.

　미세조정 논증을 못마땅하게 여기는 엘리엇 소버는 정보 F가 지성 우주론을 뒷받침할 힘을 가질 수 없다고 주장한다. 그는 정보 F를 얻는 과정에서 관찰 선택효과가 생겨났다고 주장한다. 그것은 다음과 같은 '인간 원리' 때문이다.

　AP: 관찰자가 이 세계 안에서 관찰할 수 있는 것은 이 세계에 관찰자를 생기게 하는 데 필요한 조건에 제한받는다.

만일 중력 상수의 값이 특정 구간 안에 있어야만 그 세계 안에 인간 관찰자가 생길 수 있다면 세계의 관찰자는 중력 상수가 그 구간을 벗어나는 일을 관찰할 수 없다. 한 세계의 한 물리 상수가 특정 구간 바깥에 놓일 때 그 세계 안에 관찰자가 생길 수 없다면 그 상수의 관찰값은 결코 그 구간을 벗어날 수 없다. 인간 원리는 더 간단히 표현할 수 있다.

　AP: 실현된 세계가 의식을 품을 만한 세계가 아니면 그 세계 안에서는 그 세계가 실현되었음을 의식할 수 없다.

또는 "실현된 세계가 의식되려면 그 세계는 의식을 품을 만한 세계여야 한다"로 표현해도 되겠다.

아무튼 인간 원리를 받아들이면 우리는 우리 우주의 상수들이 우리 사람이 생기도록 미세 조정되었음을 관찰할 수밖에 없다. 다시 말해 AP로부터 F가 따라 나오는 것처럼 보인다. 이 때문에 소버는 미세조정 논증에서 관찰 선택효과가 일어났다고 본다. 그에 따르면 정보 F가 가설 A와 B 가운데 무엇을 더 뒷받침하는지 가늠하려면 우리가 따져야 하는 부등식은 C(F|A) > C(F|B)가 아니라 C(F|A&AP) > C(F|B&AP)다. 그는 C(F|A&AP) = C(F|B&AP) = 1이라 주장한다. 그럴듯함의 법칙에 따르면 이 경우 정보 F는 가설 A와 B 가운데 어느 하나를 더 뒷받침할 만한 증거가 되지 못한다. 따라서 우리가 정보 F를 갖더라도 우리는 여전히 가설 B 곧 우연 우주론을 버릴 까닭이 없다. 이것이 우연 우주론을 지켜내는 소버의 논증이다.

인간 원리는 전혀 의심할 수 없는 참말이다. 하지만 AP로부터 F가 따라 나오지는 않는다. C(F|A&AP) = C(F|B&AP) = 1이라는 소버의 셈도 잘못되었다. AP는 사실상 "만일 한 의식이 자기 세계를 의식한다면 그 세계의 우주 상수들은 미세 조정되었다" 또는 "한 세계의 우주 상수들이 미세 조정되지 않았다면 그 세계 안에는 세계를 의식하는 이가 없다"로 표현된

다. AP로부터 F를 얻으려면 우리는 "한 의식이 자기 세계를 의식한다"를 가정해야 한다.

코기토 정보 "나는 이 세계를 의식한다"는 "나는 의식으로서 이 세계에 있다"로 표현된다. 이를 정보 E라 하겠다. 물론 코기토 정보 E는 전혀 의심할 수 없는 참말이다. C(F|A&AP)와 C(F|B&AP)는 1이 아니며 여전히 C(F|A&AP) > C(F|B&AP)가 성립한다. 인식 상황 EC생에 있는 이는 배경 정보로서 당연히 인간 원리 AP와 코기토 정보 E를 갖는다. 이 경우 C(F|A&AP&E)와 C(F|B&AP&E)는 둘 다 1이다. 왜냐하면 AP와 E로부터 F를 얻을 수 있기 때문이다. 우리가 가설 A를 가정하든 가설 B를 가정하든 AP와 E가 참이면 반드시 F도 참이다.

이제 올바른 물음을 물을 때가 되었다. 우리의 핵심 정보는 미세조정 정보 F인가 코기토 정보 E인가? 정보 F는 본디 정보 E로부터 추론된 것이다. 우리는 정보 E와 원리 AP의 도움으로 F를 얻었다. 따라서 지성 우주론 A가 맞는지 우연 우주론 B가 맞는지 따질 때 우리가 고려해야 하는 정보는 미세조정 정보 F가 아니라 코기토 정보 E다. 이제 새로 생긴 사람의 정보 "나는 지금 이곳에 생긴 의식이다"는 "의식이 적어도 하나 생겼다"와 비슷한 역할을 한다고 가정하겠다. 이 경우 "나는 이 세계를 의식한다"나 "나는 의식으로서 이 세계에 있다"는

"세계를 의식하는 이가 적어도 하나 있다"로 바꿀 수 있다.

정보 "세계를 의식하는 이가 적어도 하나 있다"를 $E*$로 쓰겠다. 여기서 세계 바깥에서 지켜보는 이가 갖는 믿음직함 함수 $C_{밖}$을 가정한다. 실현된 세계 안에 있는 사람의 인식 상황은 $EC_{생}$이고 그의 믿음직함 함수는 $C_{생}$이다. 인식 상황 $EC_{생}$ 안에는 설정정보 "오직 한 세계만 실현되었다"가 담겼다. 지성 우주론과 다중 우주론을 견줄 때 우리는 $C_{생}(A|E) = C_{생}(A|E^*) = C_{밖}(A|E^*)$이 옳음을 밝혀 보일 수 있다. 하지만 지성 우주론과 우연 우주론을 견줄 때는 $C_{생}(A|E) = C_{생}(A|E^*) = C_{밖}(A|E^*)$가 옳음을 밝혀 보일 수 없다. 이 때문에 나는 단순히 이를 가정한다.

(3) $C_{생}(A|E) = C_{생}(A|E^*) = C_{밖}(A|E^*)$

믿음직함 $C_{밖}(A) = a$고 $C_{밖}(B) = b$고 $C_{밖}(E^*|B) = f$로 두겠다. 여기서 f는 사람이 살 만한 가능세계들의 수 M을 전체 가능세계들의 수 N으로 나눈 값이다. $C_{밖}(E^*)$은 $C_{밖}(E^*|A)C_{밖}(A) + C_{밖}(E^*|B)C_{밖}(B)$고 $C_{밖}(E^*|A)$는 1이다. 이로부터 $C_{밖}(E^*)$이 $a + bf$임을 쉽게 셈할 수 있다. 따라서

$C_{생}(A) = C_{생}(A|E) = C_{밖}(A|E^*)$

$= C_{밖}(E^*|A)C_{밖}(A)/C_{밖}(E^*)$

$= a/(a+bf) = 1/(1+fb/a)$

현대 우주론에서 f는 10^{-100}보다 훨씬 작은 값으로 추정한다. 만일 f가 b/a에 견주어 훨씬 작다면 fb/a는 0에 가깝다. 이것은 $C_\text{생}(A)$가 거의 1에 가깝다는 것을 뜻한다. 코기토 정보는 우연 우주론과 지성 우주론 가운데 지성 우주론을 더 뒷받침한다. 나아가 코기토 정보를 가진 다음 우연 우주론이 참이리라는 믿음직함은 거의 0이다. 따라서 코기토 정보를 갖는 우리는 지성 우주론을 받아들이거나 다중 우주론을 받아들여야 한다.

05. 일어남직함

사건은 인식 항목이라기보다 존재 항목이다. 존재 항목으로서 사건은 현실 세계에 일어났다가 이내 사라진다. 현실 세계에 일어나는 사건이 과거 사건과 동역학 법칙에 따라 완전히 결정된다면 사건의 일어남직함은 늘 하찮다. 사건에 0과 1 사이의 하찮지 않은 일어남직함을 주려면 비결정 상황에서 사건이 일어나야 한다. 양자 사건은 비결정 상황 또는 우연 상황에서 일어난 사건으로 여길 수 있다. 양자역학은 양자 사건의 일어남직함을 하나의 물리량으로 다룬다. 우리는 사건 e의 일어남직함에 따라 "사건 e가 일어난다"의 믿음직함을 매겨야 한다.

0501. 사건

나에게 일어남직함은 '존재 확률'이며 '사건에 매기는 확률'이다. 일어남직함을 또렷이 이해하려면 '사건' 개념을 또렷이 이해해야 한다. 보통의 확률이론에서는 사건은 '시행의 결과 집합' 또는 '실행의 결과 집합'이다. 시행의 가능한 결과들을 모두 모은 것은 이른바 '결과 공간', '표본 공간', '표본 기술 공간', '가능성 공간'이다. 가능한 세 단일 시행 결과 a, b, c로 이뤄진 '결과 공간'을 생각하겠다. 집합 {a, b, c}가 결과 공간이 되려면 여러 조건을 만족해야 하는데 무엇보다 두 가지를 만족해야 한다. 첫째, 이들 a, b, c 가운데 적어도 하나는 실제로 시행의 결과로 나와야 한다. 둘째, 이들 가운데 한 결과가 나오면 다른 결과는 나오지 않는다.

가능한 시행 결과들 a, b, c로부터 {a}, {b}, {c}, {a, b} 따위의 여러 가지 집합을 꾸릴 수 있다. 보통의 확률이론에서는 이들 집합 하나하나는 '하나의 사건'이다. 홑원소집합 {a}, {b}, {c}는 '원자사건', '요소사건', '근원사건'이다. 집합 {a, b}, {b, c} 따위는 '복합사건' 또는 '결합사건'이다. 만일 a가 시행의 실제 결과면 사건 {a}, {a, b}, {a, c}, {a, b, c}가 일어난 셈이다. "사건 {a, b}가 일어났다"는 "a가 시행의 실제 결과거나 b가 시행의 실제 결과다" 또는 "시행의 실제 결과는 a거나 b다"를 뜻한다. 이처럼 보통의 확률이론에서 사건은 집합으로 표현되고 이 집합에 확률을 매긴다.

동전을 던지는 시행에서 가능한 결과는 '앞면'과 '뒷면'이다. 이 경우 결과 공간을 {앞면, 뒷면}, {앞, 뒤}, {H, T} 따위로 나타낼 수 있다. 주사위를 던지는 시행에서 가능한 결과는 눈 1, 눈 2, 눈 3, 눈 4, 눈 5, 눈 6이다. 이 경우 결과 공간을 {1, 2, 3, 4, 5, 6}으로 나타내곤 한다. 결과 공간 {앞면, 뒷면}의 원소 '앞면'은 정확히 무엇인가? 그것은 명제 "그 동전이 앞면이 나왔다"인가 동전 자체의 앞면인가? 결과 공간 {1, 2, 3, 4, 5, 6}의 원소 '1'은 정확히 무엇인가? 그것은 명제 "그 주사위는 눈 1이 나왔다"인가 주사위 자체의 눈 1인가? 표현 "시행의 결과"에 비추어보면 결과 공간의 '앞면'은 명제 "그 동전은 앞면이 나왔다"를 가리키는 것처럼 보인다. 만일 사건이 몇몇 단일 시행 결과들로 이뤄진 집합이면 사건은 명제의 집합처럼 보인다. 몇몇 철학자에게 결과 공간의 원소는 가능세계다. 이 경우 결과 공간의 부분집합은 가능세계들의 집합인 셈이다. 그들은 한 명제를 가능세계들의 한 집합과 동일시한다. 만일 한 사건이 가능세계들의 한 집합이면 그들에게 사건은 곧 명제다.

보통의 확률이론은 '사건' 개념 자체를 또렷이 정의하지 않는다. 물리학의 상대성이론에서 사건은 '시공간 안 특정

장소와 특정 시간에서 일어나는 것'이다. 입자물리학에서 사건은 '알갱이들의 상호작용으로 일정 공간 간격과 일정 시간 간격 안에서 생기는 일'이다. 알갱이가 굽는 일, 알갱이가 쪼개지는 일, 알갱이가 새로 생기는 일, 알갱이가 지나간 흔적이 남는 일 따위는 사건이다. 몇몇 양자역학 이론가는 '사건'을 "불확정 상태에 있던 물리계가 측정 과정을 거쳐 또렷한 측정값을 드러내는 일"로 정의한다.

철학자는 '사건'을 더욱 또렷하게 정의하려 애쓴다. 김재권[1934-2019]은 사건을 물건의 한 측면으로 이해한다. 쉽게 말해 '사건'은 "물건이 속성을 갖는 일", "물건이 속성을 잃는 일", "물건의 속성이 바뀌는 일", "물건이 특정 시점에 한 속성을 예화하는 일"이다. 여기서 낱말 "예화"는 '하나의 보기가 됨'을 뜻한다. "이순신은 '사람임'을 예화한다"나 "이순신은 사람인 것의 한 보기다"는 그냥 "이순신은 사람이다"를 어렵게 표현한 것이다. 물건은 크게 물리 물건과 마음 물건으로 나눌 수 있다. 물리 물건을 보통 "물체" 또는 "물리계"라 한다. 이야기를 쉽게 하려고 우리 이야기를 물리 사건에 한정할 텐데 이 경우 낱말 "물건" 대신에 "물체"를 쓰는 것이 낫다. 김재권의 정의에 따르면 '사건'은 "물체의 속성 예화"다. 더 또렷이 표현하면 사건은 "한 물체가 한 시점에 한 속성을 가짐"이다. 결국 그에게 사건은 [물체, 속성, 시점]의 복합체다.

김재권에 따르면 "개별 사건 [물체 a, 속성 P, 시점 T]가 일어난다"는 "개별 물체 a가 시점 T에 속성 P를 예화한다"를 뜻한다. "시점" 대신에 "시간 구간 ΔT"를 넣어도 괜찮다. 또한 "속성" 대신에 "관계"를 넣어도 되는데 이 경우의 사건은 물체와 물체 사이에서 벌어지는 관계 사건이다. 이야기를 쉽게 하려고 우리 이야기를 한 물체의 속성으로 한정하겠다. "한 개별 사건 [물체 a, 속성 P, 시점 T]와 한 개별 사건 [물체 b, 속성 Q, 시점 S]는 똑같다"는 "물체 a와 b는 똑같고, 속성 P와 Q는 똑같고, 시점 T와 S는 똑같다"를 뜻한다. 따라서 똑같은 물체 똑같은 속성 똑같은 시점에서는 오직 한 사건만 일어난다.

한 개별 사건 [물체 a, 속성 P, 시점 T]를 특징짓는 데 쓰인 '속성 P'를 "구성 속성"이라 한다. 당연한 말인데 이 사건 [물체 a, 속성 P, 시점 T]는 구성 속성 P를 예화하지 않는다. 구성 속성 P를 예화하는 것은 물체 a다. 다만 이 사건은 속성 '시점 T에 일어남'을 예화하고 속성 '물체 a에서 일어남'을 예화한다. 김재권은 구성 속성 P를 '사건 유형' 또는 '사건 갈래'로 여긴다. 보기를 들어 개별 사건 '황진이가 어제 자정에 산책함'에서 구성 속성 '산책함'은 개별 사건이 아니라 사건 유형이다.

김재권에 따르면 개별 물체가 특정 시점에 한 속성을

예화할 때 한 사건이 개별화된다. 결국 그에게 사건은 물건 현상 또는 물체 현상의 부산물이다. 그의 존재론은 물건 위주 존재론이다. 도널드 데이빗슨[1917-2003]은 사건에 독립된 존재 위상을 주고 싶었기에 사건을 물건의 속성 예화로 여기지 않는다. 하지만 '물건' 개념의 또렷함을 빌리지 않은 채 '사건' 개념을 세우는 일은 쉽지 않다. 그는 사건의 동일성 조건을 처음에는 원인 사건과 결과 사건의 동일성으로 제안했다. 곧 "사건 a와 사건 b가 같다"는 "사건 a의 원인과 사건 b의 원인이 같고 사건 a의 결과와 사건 b의 결과가 같다"를 뜻한다. 안타깝게도 그의 동일성 조건에서는 '사건' 개념이 줄곧 나온다. 나중에 데이빗슨은 사건 발생의 시점과 지점을 써서 사건의 동일성 조건을 세운다. 곧 "사건 a와 사건 b가 같다"는 "사건 a와 사건 b가 똑같은 곳 똑같은 때 일어난다"를 뜻한다. 비판자들은 한 때 한 곳에서 여러 사건이 일어날 수 있음을 지적한다.

데이빗슨은 물건과 사건을 구별짓면서 물건은 특정 시간과 특정 공간을 '점유'하고 사건은 특정 시간과 특정 공간에서 '발생'한다고 주장한다. 그는 '점유' 개념과 '발생' 개념을 밝고 뚜렷하게 다듬어야 했을 텐데 그러지 못했다. 물건 위주 존재론에 의존하지 않은 채 사건 존재론을 세우려는 그의 기획은 올바른 방향이다. 물론 물리 물건과 마음 물건은 다른 방식으로 접근해야 하고 물리 사건과 마음 사건도 다른 방식으로 접근해야 한다. 하지만 물리 사건을 다룰 때는 "한 개별 사건은 특정 시점과 특정 공간에서 발생한다"를 하나의 공리로 여겨도 될 것 같다. 다만 한 시점 한 지점에 여러 사건이 발생할 수 있느냐 없느냐의 물음은 더욱 진지한 고찰이 필요하다. 한 시점 한 지점에서 온도가 올라가는 사건과 바로 그때 바로 그곳에서 회전하는 사건은 한 시점 한 지점에 일어난 두 사건처럼 보인다. 하지만 여기서 "한 시점"은 '시간 구간'이며 "한 지점"은 '공간 구간'이다. 온도가 올라가는 사건의 시간 및 공간 구간은 회전하는 사건의 시간 및 공간 구간과 다르다. 이 때문에 온도가 올라가는 사건과 회전하는 사건이 같은 곳 같은 때 일어난다고 볼 까닭은 없다.

물음 "사건은 무엇인가"는 다른 물음 "무엇이 일어나는가"과 "일어남이란 무엇인가"에 바탕을 둔다. 더 또렷한 '사건' 개념을 얻으려면 이 세계 안에서 일어나는 것들을 탐구해야 한다. 물리학은 물리 세계에서 일어나는 일을 탐구하는 일에 큰 진척을 보였다. 나는 사건이 무엇인지 서둘러 말하지 않겠다. 다만 물리 세계에서 일어나는 일의 일어남직함을 올바로 말하려면 물리학 이론에 바탕을 두는 편이 낫겠다고 생각한다. 양자역학은 양자 현상 또는 양자 사건을 이야기한다. 또한 그 양자 현상 또는 양자 사건의 일어남직함을 이야기한다. 나는 양자 사건의 일어남직함을 이야기할 텐데 이로써 '일어남직함' 개념을 다듬고자 한다.

0502. 결정주의

동전이 앞면이 나올 확률은 1/2이다. 나는 이 확률이 인식 확률 곧 믿음직함이라 생각한다. 곧 명제 "특정 시점에 이 방바닥에 떨어지는 그 동전은 앞면이 나온다"의 믿음직함은 1/2이다. 하지만 대부분 학자는 이 확률이 존재 확률 곧 일어남직함이라 믿는다. '사건'을 '물체의 속성 예화'로 정의하면 물체 동전이 속성 '앞면'을 특정 시점에 예화하는 일은 하나의 사건이다. 그들은 바로 이 사건의 일어남직함이 1/2이라 주장하는 셈이다. 고전물리학이 말하는 바에 따르면 던진 동전이 앞면이 나오는 일이든 뒷면이 나오는 일이든 여기에 우연이 끼어들 여지는 없다. 우연이 끼어들 여지가 없는 상황에서 0과 1 사이의 일어남직함은 가능한가?

고전물리학에 따르면 물리 사물은 어느 때든 또렷한 상태와 속성을 갖는다. 나아가 물리 사물의 상태와 속성이 때에 따라 바뀌더라도 그것은 또렷한 규칙에 따라 바뀐다. 이 규칙을 "물리 법칙" 또는 "동역학 법칙"이라 하는데 물리 사물이 따르는 동역학 법칙을 D라 짧게 쓰겠다. 물리 사물 알파를 생각하겠는데 시점 t_0에서 이 사물의 상태는 A_{t_0}고 다른 시점 t에서 이 사물의 상태는 A_t다. 낱말 "상태"는 낱말 "속성"으로 바꾸어도 무방하다. '상태'는 보통 속성들의 뭉치인데 상태를 고정하면 그 사물의 전체 모습이 고정된다. 사건을 단순히 '사물의 속성 예화'로 정의하기보다 '사물의 상태 예화'로 정의해도 좋다.

물리 사물이 따르는 동역학 법칙 D는 결정주의 법칙이거나 비결정주의 법칙이다. 만일 동역학 법칙 D와 초기 조건 "알파는 시점 t_0에 상태 A_{t_0}에 있다"로부터 다른 시점의 정보 "알파는 시점 t에 상태 A_t에 있다"를 추론할 수 있다면 법칙 D는 '결정주의 법칙'이다. 또한 동역학 법칙 D가 결정주의 법칙이면 법칙 D와 초기 조건으로부터 "알파는 시점 t에 상태 A_t에 있다"를 추론할 수 있다. 시점 t_0와 시점 t의 선후 관계는 아무래도 괜찮다. 결국 동역학 법칙 D가 결정주의 법칙이면 법칙 D와 초기 조건은 알파가 각 시점에 겪을 상태를 결정한다. 달리 말해 알파의 초기 조건과 동역학 법칙 D는 알파의 '역사' 자체를 결정한다. 이는 전체 물리 세계에 적용할 수 있다. 물리 세계의 동역학 법칙 D가 결정주의 법칙이면 물리 세계의 초기 조건과 법칙 D는 물리 세계의 역사를 결정한다.

현실 세계의 동역학 법칙이 결정주의 법칙인지 아닌지는 여전히 논란거리다. 몇몇 반대자들이 있지만 대부분 학자는 고전물리학의 동역학 법칙을 결정주의 법칙으로 여긴다. 결정주의 법칙에 따라 사물의 모습이 바뀌는 세계 안에서 0과

1 사이의 일어남직함을 정의할 수 있을까? 이를 살펴보려고 매우 간단한 모형을 생각한다. 물체 알파가 2차원 상자 안에서 움직인다. 상자 안을 왼쪽과 오른쪽으로 나누는데 왼쪽 넓이와 오른쪽 넓이는 똑같다.

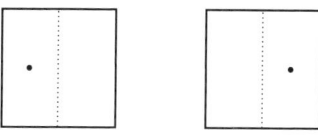

알파는 두 가지 속성 또는 상태를 갖는다. 하나는 '왼쪽에 있음'이고 다른 하나는 '오른쪽에 있음'이다. '왼쪽에 있음'을 "왼쪽"이라 하고 '오른쪽에 있음'을 "오른쪽"이라 하겠다. 이 간단한 모형에서는 두 가지 사건이 일어난다. 김재권 식으로 표현하면 하나는 [알파, 왼쪽, t]고 다른 하나는 [알파, 오른쪽, t]다. 사건 [알파, 왼쪽, t]를 "t-왼"으로 짧게 쓰고 사건 [알파, 오른쪽, t]를 "t-오"로 짧게 쓴다. 알파는 1초 지날 때마다 왼쪽에서 오른쪽으로 또는 오른쪽에서 왼쪽으로 움직인다. 이 규칙은 상자 안 알파가 따르는 동역학 법칙인데 이를 D2라 하겠다. 시점 t_0에 알파의 상태가 '왼쪽'이면 시점 t_1에 알파의 상태는 '오른쪽'이다. 여기서 "t_1"은 '시점 t_0에서 1초 지난 시점'이다.

시점 t에서 알파의 상태를 A_t라 하면 A_t는 시점 t에 따라 '왼쪽'이거나 '오른쪽'이다. 우리는 동역학 법칙 D2와 초기 조건 "알파는 시점 t_0에 상태 A_{t_0}에 있다"로부터 "알파는 시점 t_n에 상태 A_{t_n}에 있다"를 추론할 수 있다. 따라서 시간 흐름을 1초 단위로 제한하면 동역학 법칙 D2는 결정주의 법칙이다. 우리는 우리의 현재 인식 상황에서 알파가 시점 t_0에 무슨 상태에 있는지 모른다고 가정한다. 이 인식 상황에서 명제 "사건 't_1-왼'이 일어난다"의 믿음직함은 1/2이다. 마찬가지로 명제 "사건 't_1-오'가 일어난다"의 믿음직함은 1/2이다. 동역학 법칙 D2에 따르면 명제 "사건 't_1-왼'이 일어난다"와 명제 "사건 't_2-오'가 일어난다"는 서로 따라 나온다. 따라서 우리 인식 상황에서 명제 "사건 't_2-오'가 일어난다"의 믿음직함은 1/2이다. 마찬가지로 우리 인식 상황에서 명제 "사건 't_2-왼'이 일어난다"의 믿음직함은 1/2이다. 결국 우리 인식 상황에서 명제 "사건 't_n-왼'이 일어난다"의 믿음직함은 1/2이며 명제 "사건 't_n-오'가 일어난다"의 믿음직함도 1/2이다.

우리가 새 정보 "알파는 시점 t_0에 왼쪽 상태에 있다" 또는 "알파의 A_{t_0} = 왼쪽"을 얻으면 우리의 인식 상황은 바뀐다. 바뀐 인식 상황에서 명제 "사건 't_1-왼'이 일어난다"의 믿음직함은 0이고 명제 "사건 't_1-오'가 일어난다"의 믿음직함은 1이다. 나아가 "사건 't_1 – 왼'이 일어난다"와 논리 동치인 명제의 믿음직함은 모두 0이고 명제 "사건 't_1 – 오'가 일어난다"와 논리 동치인 명제의 믿음직함은 모두 1이다. 이처럼 우리가 정보 "알파는 시점 t_0에 왼쪽 상태에 있다"를 얻으면 우리는 명제 마당의 모든 명제에 믿음직함 0 또는 1을 매길 수 있다. 초기 조건 정보 "알파는 시점 t_0에 왼쪽 상태에 있다"는 우리의 인식 상황을 무제한 완전 정보 상황으로 바꾼다. 이 정보 상황에서 0과 1 사이 믿음직함은 생길 수 없다. 결정주의 법칙이 다스리는 곳에서 우리가 무제한 완전 정보 상황에 놓이면 우리에게 0과 1 사이 믿음직함은 생기지 않는다. 결정주의 법칙이 다스리는 곳에서는 오직 우리의 무지가 있을 때만 0과 1 사이의 믿음직함이 생길 수 있다.

고전물리학에 따르면 물체는 불확정 상태에 놓이지 않는다. 마찬가지로 알파도 어느 시점이든 왼쪽 상태나 오른쪽 상태에 놓이고 불확정 상태에 놓이지 않는다고 가정한다. 시점 t에 알파의 상태를 우리가 알든 모르든 알파는 시점 t에 상태 A_t에 있다. 상자 안 알파는 동역학 법칙 D2를 따르는 존재 상황에 놓인다. 또한 시점 t_0에 알파는 왼쪽 또는 오른쪽에 있는 존재 상황에 놓인다. 이 존재 상황에서 사건 't_1 – 왼'의 일어남직함은 얼마인가? 이 값은 0과 1 사이 값일 수 있는가? 명제

"사건 't_1-왼'이 일어난다"의 믿음직함이 우리에게 1/2이라는 까닭에서 사건 't_1-왼'의 일어남직함이 1/2이라 생각해서는 안 된다.

물리계든 물체든 이것들은 앎을 가질 수 없고 믿음을 가질 수도 없다. 물체에는 '무지' 개념 자체를 줄 수 없다. 물체는 다만 동역학 법칙 D2에 따라 움직일 뿐이지 이것이 동역학 법칙 D2를 알지는 못한다. 물체는 자신이 D2를 따르는지 따르지 않는지 의식하지 않는다. 알파가 D2에 따라 움직이는 일은 알파의 존재 상황일 뿐이다. 이 존재 상황에서 알파는 시점 t_1에 속성 '왼쪽'을 예화하거나 시점 t_1에 속성 '오른쪽'을 예화한다. 우리는 알파가 시점 t_1에 무슨 속성을 예화하는지 모르는데 우리의 무지는 실제로 일어날 사건을 바꾸지 못한다. 우리의 앎과 무지에 아랑곳하지 않고 알파는 시점 t_1에 한 속성을 예화한다.

만일 알파가 시점 t_1에 속성 '왼쪽'을 예화한다면 이 경우 사건 't_1-왼'이 일어난 셈이다. 알파가 시점 t_1에 속성 '오른쪽'을 예화한다면 이 경우 사건 't_1-오'가 일어난 셈이다. 사건이 일어나는 존재 상황을 우리가 알든 모르든 존재 상황은 이미 주어졌다. 상자 안 알파가 동역학 법칙 D2를 따르는 존재 상황과 시점 t_0에 알파가 왼쪽에 있는 존재 상황에서 사건 't_1-

왼'은 아예 일어나지 않는다. 이 존재 상황에서 사건 't_1 – 왼'의 일어남직함은 0이다. 이 존재 상황에서 사건 't_1 – 오'는 틀림없이 일어난다. 이 존재 상황에서 사건 't_1 – 오'의 일어남직함은 1이다. 다른 존재 상황에서는 사건 't_1 – 왼'의 일어남직함은 1이고 사건 't_1 – 오'의 일어남직함은 0이다. 이처럼 사건 't_n – 왼'의 일어남직함은 0 또는 1이고 사건 't_n – 오'의 일어남직함은 0 또는 1이다.

0503. 우연성

주체의 인식 상황과 정보 상황에 따라 달라지는 것은 명제의 믿음직함이지 사건의 일어남직함이 아니다. 물리 사건의 일어남직함은 인식 주체의 정보 상황이나 인식 상황과 무관하다. 만일 한 사건의 일어남직함이 인식 주체의 인식 상황에 따라 달라진다면 그 사건은 더는 물리 사건이 아니고 아마도 마음 사건일 것이다. 주체의 인식 상황은 마음 사건의 존재 상황을 구성한다. 우리는 물리 사건의 일어남직함만을 이야기하고 싶다. 물리 사건의 일어남직함은 다만 그 사건의 존재 상황에 따라 달라질 뿐이다. 사건의 존재 상황은 무엇인가? 이 물음의 올바른 답은 사건이 무엇이냐의 올바른 답으로부터 얻을 수 있다. 내 생각에 사건의 존재 상황은 곧 사건을 개별화하는 조건이다. 사건 유형 또는 사건 갈래가 특수한 존재 상황에 놓일 때 사건 유형이 하나의 구체 사건으로 개별화된다.

데이빗슨에게 물리 사건은 특정 시점과 지점에 발생하는 무엇이다. 이 견해에 따르면 한 물리 사건을 개별화하는 존재 상황은 물리 시점과 지점이다. 김재권에게 물리 사건은 한 물체가 특정 시점에 한 속성을 예화하는 일이다. 곧 물체가 특정 시점에 한 물리 속성을 예화할 때 한 사건이 개별화된다. 이 견해에 따르면 한 물리 사건을 개별화하는 존재 상황은 한 물리 시점이다. 몇몇 양자역학 이론가에게 개별 사건은 '개별 알갱이가 특정 시점에서 특정 속성을 드러내는 일' 또는 '개별 알갱이의 한 물리량이 특정 시점에서 특정 값으로 측정되는 일'이다. 데이빗슨, 김재권, 몇몇 양자역학 이론가는 특정 시점이 사건의 개별화에 중심 역할을 한다는 데 일치한다.

김재권 식으로 표현하면 개별 양자 사건은 [개별 알갱이, 속성 Q, 시점 T]로 표현할 수 있다. 이는 잠정 표현인데 나중에 양자역학의 정식체계에 맞게 더 다듬을 것이다. 아무튼 여기서 [개별 알갱이, 속성 Q]는 사건 유형이고 [시점 T]는 이 사건 유형을 개별화하는 존재 상황이다. 양자역학의 주류 해석에 따르면 알갱이는 측정 과정을 거쳐 특정 시간에 특정 위치에서 나타난다. 이 경우 개별 양자 사건은 [개별 알갱이, 지점 X, 시점 T]다. 여기서 [개별 알갱이, 지점 X]는 사건 유형이며 [시점 T]는 이 사건 유형을 개별화하는 존재 상황이다. 그렇다면 [시점 T]는 양자 사건의 존재 상황을 모두 특징짓는가?

당연히 아니다. 물리계의 초기 조건과 양자역학 법칙 또한 우리 세계의 존재 상황을 구성한다. 앞에서 보기로 나온 사건 't-왼'과 't-오'는 시점 t가 고정될 때 개별화된다. 이 개별 사건의 일어남직함은 알파의 초기 상태와 동역학 법칙 D2에 따라 결정된다. 알파의 초기 상태와 동역학 법칙 D2는 사건 유형을 규정하는 존재 상황이고 시점 t는 그 사건 유형을 개별화하는 존재 상황이다. 마찬가지로 물리계의 초기 조건과 양자역학 법칙은 사건 유형을 규정하는 존재 상황이고 [시점 T]는 이 사건 유형을 개별화하는 존재 상황이다. 나아가 양자역학에서는 한 물리량을 측정하는 측정 상황 또한 사건 유형을 구성하고 개별화하는 데 참여한다. 통상의 물리학에서 물체의 속성은 사건의 유형을 구성하지만 이 속성을 측정하는 상황은 그 유형을 구성하고 개별화하는 데 거의 참여하지 않는다. 하지만 양자역학에서는 물리 속성을 측정하는 상황 자체가 사건 유형을 구성하고 개별화하는 존재 상황에 참여한다. 이 점은 양자역학에서 가장 미묘한 형이상학 요소다.

"[시점 T]는 사건 유형을 개별화하는 존재 상황이다"를 조금 더 꼼꼼하게 따질 필요가 있다. 물리계의 초기 조건과 동역학 법칙은 우리 세계의 존재 상황을 구성한다고 했다. 물리학자는 물리 시간과 물리 공간이 한결같다는 원리로부터 동역학 법칙을 정식화한다. 보기를 들어 물리 시간이 한결같다는 원리로부터 시간에 따라 보존되는 모종의 물리량을 정의하는데 그렇게 정의된 것이 바로 '에너지'다. 한결의 원리에 맞게 '에너지'를 정의하자마자 '에너지보존법칙'이 유도된다. 물리계의 에너지는 시시각각 보존되지만 다른 물리량은 시간에 따라 달라진다. 시간에 따라 달라지는 다른 물리량들로 에너지를 표현하면 물리량과 물리량의 관계식을 얻는데 이것이 바로 동역학 법칙이다. 물리계의 초기 조건과 동역학 법칙이 주어진 상황에서 시점 T를 지정하면 물리계의 다른 물리량의 값이 결정된다. 이 점에서 [시점 T]는 물리계의 존재 상황을 충분히 규정한다. 이처럼 "[시점 T]는 사건 유형을 개별화하는 존재 상황이다"는 물리계의 초기 조건과 동역학 법칙이 우리 세계의 존재 상황을 구성한다는 전제 위에서 이해되어야 한다.

개별 사건의 일어남직함은 0부터 1까지 값이다. 이른바 '하찮은 일어남직함'은 0 또는 1의 일어남직함이고 '하찮지 않은 일어남직함'은 0과 1 사이의 일어남직함이다. 우리 세계의 물리 사건은 하찮지 않은 일어남직함을 지닌 채 일어나는가? 만일 물체들의 움직임을 다스리는 동역학 법칙이 결정주의 법칙이면 물체의 미래 속성은 과거 속성들에 따라 완전히 결정된다. 결정주의 동역학 법칙과 과거의 속성 예화 사실이 일단 주어지면 특정 물체의 특정 속성이 특정 시간 t에 예화될지 말지는 이미 확정된 사실로서 주어진다. 따라서 물체의 초기 조건, 결정주의 동역학 법칙, 특정 시점이 존재 상황으로 일단 주어지면 한 개별 사건은 틀림없이 일어나거나 아예 일어나지 않는다. 이 경우 한 개별 사건의 일어남직함은 언제나 0이거나 1이며 언제나 하찮다. 결국 물리 사건의 일어남직함이 하찮지 않으려면 동역학 법칙이 비결정주의 법칙이어야 한다.

물체가 비결정주의 법칙을 따른다면 물체의 과거 속성들은 물체의 미래 속성을 결정짓지 못한다. 한 물리 속성이 무슨 값으로 예화될지 사전에 결정되지 않은 채 예화될 때 우리는 이를 "우연"이라 한다. '우연' 사건은 단순히 우리의 무지 덕분에 비롯된 사건이 아니다. 우리가 미처 예견하지 못한 일이 일어날 때 이를 무작정 "우연"으로 표현한다면 이 쓰임새는 "우연"의 본뜻을 벗어난 것이다. 우리 세계에 진정한 우연이 없다면 사건의 일어남직함은 늘 하찮다. '하찮지 않은 일어남직함'이 가능하려면 비결정 상황 또는 진정한 우연 상황에서 사건이 일어나야 한다.

실현될지 실현되지 않을지 결정되지 않은 개별 사건이 일어날 때 우연 사건이 일어난다. 우연 사건의 일어남은 실현될 가능성이 있는 개별 사건이 일어나는 일이다. 사건이 실현될 가능성이 곧 그 사건의 일어남직함이다. 우리는 오직 특정 시간과 특정 공간에 실현된 개별 사건만을 포착할 수 있다. 실현될 가능성이 있더라도 아직 실현되지 않은 사건을 우리는 경험할 수 없다. 놀랍게도 양자역학은 경험으로는 포착할 수 없는 미실현된 개별 사건을 다루는 동역학 이론이다. 고전역학의 동역학 법칙은 물리 속성이 무슨 값으로 예화될지 시시각각 결정한다. 반면 양자역학의 동역학 법칙은 아직 일어나지 않은 물리 사건의 일어남직함을 시시각각 결정한다. 이 점에서 양자역학은 물리 사건의 일어남직함을 하나의 물리량으로 여기는 셈이다.

0504. 양자 사건

양자역학이 사건의 일어남직함을 물리량으로 여긴다는 나의 주장은 양자역학의 정식화 과정에 이미 잘 나타나 있다. 이를 보여주려고 그 과정을 요약하겠다. 나의 요약은 마이클 레드헤드[1929-2020]의 1989년 책 『완전성, 비국소성, 실재주의: 양자역학 철학 서설』과 레슬리 밸런타인의 2014년 책 『양자역학: 최근의 발전』에서 가져온 것이다. 토머스 조던은 1969년 책 『양자역학의 선형 바꾸개』에서 양자역학의 정식 구조를 대칭성 원리에 따라 체계화했는데 밸런타인의 책은 이 내용을 잘 간추렸다.

먼저 우리는 다음 사실을 경험한다. 이 경험은 말하자면 '양자 현상' 또는 '양자 사실'인데 이를 QF라 짧게 쓰겠다.

- QF1: 측정된 물리량은 대체로 임의의 연속 값이 아니라 제한된 불연속 값이다.
- QF2: 개별 측정 결과는 대체로 예측되지 않고 다만 특정 결과를 얻을 확률만 예측된다.

여기서 "확률"을 무엇으로 이해할지는 양자역학 이론가마다 다르다. 나는 이 확률을 인식 확률이 아니라 존재 확률로 여기겠다. 곧 QF2에서 "확률"은 '일어남직함'이다. 우리는 고전물리학을 통해 사물들을 원자나 전자 따위로 분할하고 이들을 기술하려고 운동량, 각운동량, 스핀, 에너지 따위 물리량을 상정한다. 하지만 고전물리학은 고전 경험으로부터 고전 물리 세계를 재구성할 뿐이다. 이 때문에 고전물리학만으로는 양자 경험, 양자 현상, 양자 사실을 제대로 이해할 수 없다. 양자 사실을 제대로 이해하려면 고전물리학과는 다른 방식으로 현상을 표상해야 한다.

양자 사실을 가장 잘 드러내는 현상은 전자의 스핀 현상이다. 전자는 매우 야릇한 물리량 '스핀'을 갖는다. 이 덕택에 전자를 하나의 작은 자석으로 여길 수 있는데 이 자석의 세기를 "스핀 자기모멘트"라 한다. 1922년쯤 슈테른과 게를라흐는 이 스핀 자기모멘트를 측정함으로써 전자의 스핀을 측정했다. 실험 결과 전자의 스핀 값은, 단위를 무시하면, 오직 $+1/2$과 $-1/2$ 가운데 한 값이었고 그 사이의 다른 값을 가지지 않았다. 곧 측정 결과 스핀 값의 범위는 연속이 아니라 불연속이었다. 이것이 양자 사실 QF1이다. 나아가 같은 절차를 거쳐 많은 전자를 마련해 이들을 대상으로 측정했더니 절반의 측정값은 $+1/2$이고 나머지 절반은 $-1/2$이었다. 곧 전자의 스핀이 $+1/2$로 측정될 확률은 $1/2$이고 $-1/2$로 측정될 확률은 $1/2$이었다. 이것이 양자 사실 QF2다.

양자역학은 이 양자 사실을 기술하고 예측하고 이해하는 이론 체계다. 양자 사실을 이론화 또는 체계화하는 과정을 "양자 알고리듬"이라 한다. 마이클 레드헤드는 양자 알고리듬을 두 알고리듬으로 나누었다. 한 알고리듬은 QF1을 수학으로 정식화하는 양자화 알고리듬이고 다른 하나는 QF2를 수학으로 정식화하는 통계 알고리듬이다. 이제 물리계를 그냥 편하게 "사물"이라 부르겠다. 사물의 상태는 속성들의 뭉치인데 물리학은 사물의 상태를 기술함으로써 사물의 속성들을 기술한다. 사물의 상태를 표현하는 방식에 따라 하나의 이론 체계가 형성된다. 양자역학은 사물의 상태를 벡터 공간의 한 벡터로 표현한다.

수학에서 벡터는 여러 수의 모임이다. 한 벡터를 정의하는 데 수 한 개가 쓰이면 1차원 벡터이고 한 벡터를 정의하는 데 수 두 개가 쓰이면 2차원 벡터다. 물리학에서 벡터 물리량은 크기와 방향을 갖는 물리량이다. 1차원 직선의 한 점이 원점에서 오른쪽으로 10만큼 떨어졌다면 이 점은 +10으로 나타낼 수 있다. 1차원 직선의 한 점이 원점에서 왼쪽으로 10만큼 떨어졌다면 이 점은 –10으로 나타낼 수 있다. 이 때문에 1차원에서 크기와 방향을 갖는 물리량을 나타내려면 수 한 개로 충분하다. 반면 원점에서 특정 방향으로 10만큼 떨어진 2

차원 평면의 한 점을 나타내려면 수 두 개가 필요하다. 이 점에서 2차원에서 크기와 방향을 갖는 물리량을 나타내려면 수 두 개가 있어야 한다. 전자의 스핀 물리량을 기술하려면 수 두 개로 충분하다. 이 때문에 양자역학은 전자의 스핀 상태를 2차원 벡터로 표현한다.

이른바 '상태벡터'는 사물의 상태를 나타내는 벡터다. "상태벡터"는 다른 말로 "상태함수" 또는 "파동함수"다. 상태벡터는 말꼴로 $|\psi\rangle$로 나타내는데 이를 "프사이"라 읽는다. 앞에서 사물의 상태는 속성들의 뭉치며 물리학은 사물의 상태를 기술함으로써 사물의 속성들을 기술한다고 했다. 한편 각 물리량은 사물과 사물의 특수한 관계를 표현하는데 보기를 들어 '질량'과 '전하량'은 각기 다른 관계를 기술한다. 특히 양자역학에서 물리량은 사물의 상태를 바꾸는 나름의 방식이다. 한 물리량은 사물의 상태를 바꾸는 한 방식이고 다른 물리량은 사물의 상태를 바꾸는 다른 방식이다. 수학에서 벡터를 바꾸는 나름의 방식을 "벡터 바꾸개" 또는 "벡터 연산자"라 한다. 한 벡터 바꾸개는 벡터를 바꾸는 한 방식이다. 다른 벡터 바꾸개는 벡터를 바꾸는 다른 방식이다. 양자역학은 사물의 상태를 벡터로 나타내는 정식체계를 채택하는데 이 때문에 양자역학은 한 물리량을 한 벡터 바꾸개로 나타낸다.

양자역학에서 벡터가 '상태벡터'면 벡터 바꾸개는 '상태 바꾸개'다. 2차원 벡터 (x, y)를 다른 2차원 벡터 (x', y')로 바꾸는 방식은 아주 많다. 이 방식을 또렷이 표현하려면 수 네 개가 있어야 한다. 이 때문에 2차원 벡터의 바꾸개는 2×2 행렬로 표현된다. 비슷한 까닭에서 3차원 벡터의 바꾸개는 3×3 행렬로 표현된다. 물론 1차원 벡터의 바꾸개는 1×1 행렬로 표현되는데 1×1 행렬은 수 한 개에 해당한다. 일단 전자의 스핀 상태를 2차원 벡터로 표현하면 스핀 물리량은 2×2 행렬로 표현할 수 있다. 전자는 각 방향으로 스핀 물리량을 갖는데 이들 물리량은 각 방향에 따라 제각기 다른 2×2 행렬로 표현된다. 여하튼 양자역학의 정식체계는 물리량 Q를 표현하는 행렬 Q를 찾는 방법을 잘 마련해야 한다.

사물이 물리량 Q의 값이 q인 상태에 있다면 이 사물의 상태벡터는 |q>로 표현할 수 있다. 또한 사물의 상태벡터가 |q>면 이 사물은 물리량 Q의 값이 q인 상태에 있다. 물리량의 값은 실수이기에 q는 실수여야 한다. 양자역학의 정식체계가 하는 일은 다음 관계식이 성립하도록 상태벡터 |q>와 벡터 바꾸개 Q를 찾는 일이다.

$Q|q> = q|q>$

여기서 q는 실수고 $|q>$는 벡터고 Q는 벡터 바꾸개다. 이 관계식을 "고윳값 관계식" 또는 "고윳값 방정식"이라 한다. 이 관계식에 나오는 실수 q를 벡터 바꾸개 Q의 "고윳값"이라 한다. 물리량의 측정값은 고윳값들 가운데 하나다. 이 관계식에 나오는 벡터 $|q>$를 벡터 바꾸개 Q의 "고유벡터"라 하는데 한 바꾸개의 고유벡터로 표현되는 상태를 "고유상태"라 한다.

고윳값 관계식 "$Q|q> = q|q>$"는 보통 "고유상태 $|q>$에 있는 사물에 물리량 Q를 측정하면 측정값 q가 나오고 측정이 끝난 뒤 이 사물의 상태는 줄곧 $|q>$에 있다"로 이해되곤 한다. 측정할 물리량에 해당하는 바꾸개의 표현이 일단 정해지면 이 바꾸개의 고유벡터 및 고윳값도 정해진다. 이제 양자역학 이론가들이 고안한 양자화 알고리듬은 다음처럼 간추릴 수 있다.

양자화 알고리듬: 물리량 Q의 가능한 측정값은 그 물리량에 해당하는 벡터 바꾸개 Q의 고윳값들 가운데 하나다.

물리량의 측정값은 실수이기에 고윳값들도 실수여야 한다. 이른바 '에르미트 바꾸개'는 그 고윳값이 언제나 실수인 바꾸개다. 이 때문에 물리량에 해당하는 바꾸개는 에르미트 바꾸개로 제한된다.

사물의 상태벡터는 언제든 고유벡터들의 '선형 조합'으로 나타낼 수 있다. 이 점에서 한 벡터 바꾸개의 고유벡터들은 일종의 상태 표현 어휘다. 사물의 상태는 바꾸개 P의 고유벡터들로 표현할 수 있고 바꾸개 Q의 고유벡터들로 표현할 수 있다. 양자역학 이론가들은 측정할 물리량에 따라 표현 어휘를 바꾸어가며 사물의 상태를 표현한다. 아무튼 보통의 상태벡터는 바꾸개 Q의 고유벡터가 아니라 이들의 선형조합이다. 보기를 들어 물리량 Q의 가능한 측정값이 1/2과 −1/2뿐이면 보통의 상태벡터는 q가 1/2인 벡터와 q가 −1/2인 벡터가 특정 비율을 갖고 겹쳐 있다. 이 경우 사물의 상태벡터 $|\psi\rangle$는 다음처럼 표현된다.

$$|\psi\rangle = a|1/2\rangle + b|-1/2\rangle$$

상태 $|\psi\rangle$는 시간에 따라 바뀔 수 있으니

$$|\psi_t\rangle = a_t|1/2\rangle + b_t|-1/2\rangle$$

로 쓸 수 있다. 상태 $|\psi_t\rangle$에 있는 한 사물의 물리량 Q를 측정하면 그 측정값은 1/2 또는 −1/2다. 나중에 드러나겠지만 a_t의 절댓값 제곱은 Q가 1/2로 측정되는 사건의 일어남직함이

고 b_i의 절댓값 제곱은 Q가 –1/2로 측정되는 사건의 일어남 직함이다.

'측정'은 사물과 사물의 상호작용이면서 일종의 인식 과정이다. 인식 과정 없이 양자 사건이 벌어질 수 있는가? 의식을 가진 주체가 빠진 상황에서도 양자 사건의 발생을 이야기하려면 특수한 유형의 사물과 특수한 유형의 상호작용을 도입해야 한다. 물리학자 장회익은 특수한 유형의 사물 '변별자'와 특수한 유형의 상호작용 '변별 과정'을 도입한다. 그에 따르면 양자 사건은 변별 과정에서 생긴다. 그에게 변별 작용은 곧 사건화 작용이다. 측정장치는 변별자이며 측정은 변별 과정이다. 하지만 모든 변별자가 측정장치인 것은 아니고 모든 변별 과정이 측정 작용인 것은 아니다. 아무튼 측정 과정이든 변별 과정이든 특수한 상호작용 아래서 사건이 일어난다고 가정하겠다. 나아가 그 특수한 상호작용을 모두 '측정'으로 여기겠다.

이제 '양자 사건'을 정의한다.

> 양자 사건: 상태 $|\psi_t\rangle$에 있는 사물의 물리량 Q가 시간 s에 물리량의 값 q로 예화되는 일

'예화'를 이해하는 여러 방식이 있다. 데이비드 봄의 양자역학

이해에 따르면 사물의 물리량이 값 q로 예화되기 전에 사물은 이미 q를 갖는다. 그에게 '예화'는 사물이 그 값을 지니는 일이다. 나아가 그에 따르면 사물은 모든 물리량에 대해 어느 순간이든 특정 값을 예화한다. 봄은 특수한 유형의 사물과 특수한 유형의 상호작용을 도입하지 않은 채 양자 현상을 이해한다. 반면 코펜하겐 해석 또는 표준 해석에서 '예화'는 사물이 그 값으로 측정되는 일이다. 이야기를 쉽게 하려고 이 글에서 나는 표준 해석 아래서 사건을 이야기하겠다. 물리량 Q의 가능한 측정값의 목록이 $\{q_1, q_2, \cdots q_n\}$이면 측정 시점 s에서 이들 가운데 한 값이 예화된다. 시점 s에 q_1이 예화될 수도 있고 q_5가 예화될 수 있다.

우리는 일단 "물리량 Q가 시간 s에 값 q로 예화되는 일"을 '$v_s(Q)\leadsto q$'로 표현하겠다. 표현 '$v_s(Q)\leadsto q$'는 명제를 표현한다기보다 모종의 과정을 표현한다. 개별 양자 사건은 [ψ, $v(Q)\leadsto q$, s], [$\psi_s, v_s(Q)\leadsto q$], [$\psi_s, v_s(Q)\leadsto q$] 따위로 표현할 수 있다. 여기서 ψ_t는 한 사물의 존재 조건인데 시간 t 자리에 특정 시점 s를 넣은 ψ_s는 시점 s에서 그 사물의 존재 조건이다. 한편 속성 예화 '$v(Q)\leadsto q$'는 사건 유형이다. 사건 유형 '$v(Q)\leadsto q$'는 더 큰 사건 유형 '$v(Q)\leadsto \{q_1, q_2, \cdots q_n\}$' 가운데 하나다. 개별 사건 [$\psi_s, v_s(Q)\leadsto q$]는 시점 s의 존재 조건 ψ_s에서 사건 유형 '$v(Q)\leadsto q$'이 '$v_s(Q)\leadsto q$'로

개별화되는 일이다.

전자의 스핀 S를 측정할 때 가능한 측정값의 목록은 {1/2, −1/2}이다. 사건 [ψ_t, $v(S)$⤳1/2, s]는 상태 |ψ_t>에 있는 전자가 시점 s에 스핀 1/2로 측정되는 사건이다. 이 사건을 ↑$_s$라 하겠다. 사건 [ψ_t, $v(S)$⤳ − 1/2, s]는 상태 |ψ_t>에 있는 전자가 시점 s에 스핀 −1/2로 측정되는 사건이다. 이 사건을 ↓$_s$라 하겠다. 사건 ↑$_s$의 일어남직함과 사건 ↓$_s$의 일어남직함은 0과 1 사이 값이다. 측정 시점이 s면 사건 ↑$_s$의 일어남직함과 사건 ↓$_s$의 일어남직함을 더한 값은 1이다. 한편 일어남직함과 일어남직함 밀도를 구별해야 하는데 이야기를 쉽게 하려고 둘을 구별하지 않겠다.

통계 알고리듬은 양자 사건의 일어남직함을 셈하는 알고리듬이다. 양자역학 이론가들이 고안한 통계 알고리듬은 다음처럼 간추릴 수 있다.

> 통계 알고리듬: 상태 |ψ_t>에 있는 사물의 물리량 Q가 시점 s에 값 q로 예화되는 사건의 일어남직함 CH($v_s(Q)$⤳q|ψ_t)는 $|<q|\psi_s>|^2$이다.

여기서 CH는 일어남직함 함수인데 이 함수의 논항은 개별 사건이다. CH($v(Q)$⤳q|ψ_t)의 논항에 나오는 '$v_s(Q)$⤳q|ψ_t'는 개별

양자 사건 $[\psi_t, v_s(Q) \leadsto q]$의 다른 표현이다. 시각 s는 개별 양자 사건이 발생하는 시각인데 표준 해석에서 이는 물리량이 측정되는 시각이다.

통계 알고리듬에서 $<q|\psi_s>$는 물리량 Q를 표현하는 에르미트 바꾸개 Q의 고유벡터 $|q>$와 상태벡터 $|\psi_s>$의 내적이다. $|<q|\psi_s>|$는 이 내적의 절댓값이다. 내적의 절댓값을 셈하는 까닭은 내적 자체의 값이 실수가 아니라 복소수일 수 있기 때문이다. 내적은 두 벡터 사이의 곱셈인데 두 벡터의 크기를 곱한 뒤 두 벡터 사이의 각도에 따라 적절한 수를 덧붙여 곱한다. 양자역학에서는 상태벡터들의 크기를 모두 1로 잡기에 내적 $<q|\psi_s>$의 절댓값 $|<q|\psi_s>|$는 0에서 1까지 한 값이다. 상태벡터 $|\psi_s>$가 벡터 $|q>$의 방향으로 더 많이 향할수록 $|<q|\psi_s>|$는 더 크다. 상태벡터 $|\psi_s>$에 벡터 $|q>$ 방향의 성분이 없다면 $|<q|\psi_s>|$는 0이다. 만일 $|\psi_s>$ = $|q>$면 $<q|\psi_s>$는 1이고 $|<q|\psi_s>|^2$은 1이다. 곧 상태 $|q>$에 있는 사물의 물리량 Q가 시간 s에 물리량의 값 q로 예화되는 사건의 일어남직함 $CH(v_s(Q) \leadsto q|q)$는 $|<q|q>|^2 = 1$이다. 상태 $|q>$에 있는 사물을 대상으로 물리량 Q를 측정하면 그 측정값은 틀림없이 q다. 물리학자들은 내적 $<q|\psi_s>$를 보통 "확률 진폭"이라 한다.

양자역학 이론가는 두 알고리듬을 거쳐 사물의 상태,

물리량, 측정값 따위를 수학 항목으로 표현한다. 이 표현들을 "양자 표상"이라 하겠는데 지금까지 이야기한 양자 표상은 다음과 같다.

- 물리량: 벡터 바꾸개 특히 에르미트 바꾸개
- 사물의 상태: 벡터 바꾸개의 고유벡터들 및 이들의 선형 조합
- 물리량의 측정값: 벡터 바꾸개의 고윳값
- 사건의 일어남직함: 고유벡터와 상태벡터의 내적 절댓값 제곱

남은 일은 낯익은 기존 물리량에 해당하는 벡터 바꾸개 표현을 찾는 일이다. 운동량과 에너지에 해당하는 벡터 바꾸개는 무엇인가? 논리학이나 수학만으로는 이들 물리량의 벡터 바꾸개 표현을 찾을 수 없다. 라이프니츠가 말했듯이 경험과 모순율만으로는 물리학을 구성할 수 없다. 한 물리량과 한 바꾸개의 연결 나아가 한 상태와 한 벡터의 연결을 찾으려면 논리학과 수학 그 이상의 원리가 있어야 한다. 그것은 우리가 세계를 보는 위치, 방향, 시간을 바꾸더라도 양자 사실들은 그대로 유지된다는 원리다. 이를 보통 "대칭성 원리"라 하는데 나는 여기에 더 좋은 이름 "한결의 원리"를 준다.

한결의 원리를 양자 현상에 제대로 적용하려면 양자 표상을 써서 양자 사실을 더욱 또렷하게 표현하는 것이 좋겠다. 벡터들의 공간은 차원을 갖는데 2차원 벡터들의 공간은 2차원 벡터공간이고 n차원 벡터들의 공간은 n차원 벡터공간이다. '기선'이 주어지면 기선으로 n차원 벡터공간의 모든 벡터를 표현할 수 있다. 무엇보다 중요한 기선은 정규 직교 기선이다. 정규 직교 기선은 다음 세 조건을 만족하는 벡터 집합이다. (i) 이들은 n차원 벡터공간의 n개 서로 다른 벡터다. (ii) 이들 벡터의 크기는 모두 1이다. (ii) 한 벡터는 다른 벡터와 직교한다. 곧 한 벡터와 다른 벡터의 내적은 0이다. 벡터공간의 기선은 무한히 다양한 방식으로 꾸릴 수 있다. 각 기선은 벡터공간의 벡터를 각기 다른 방식으로 표현한다. 세계를 보는 위치, 방향, 시간을 바꾸는 일은 벡터공간의 기선을 바꾸는 일이다. 애초 기선으로 표현한 상태벡터 $|\psi\rangle$는 새 기선에서 다른 벡터 $|\psi'\rangle$로 표현된다. 애초 기선으로 표현한 벡터 바꾸개 Q는 다른 기선에서 다른 바꾸개 Q'로 표현된다.

한 사물을 기술하는 틀을 바꾸면 그 틀에서 그 사물은 달리 보인다. 하지만 한결의 원리에 따르면 틀을 바꾸어도 양자 사실들은 여전히 사실로 남아야 한다. 측정값의 목록이 틀을 바꿀 때마다 바뀐다면 측정값의 가능한 목록은 아마도 연속 값일 것이다. 사건의 일어남직함이 틀을 바꿀 때마다 바뀐다면 우리는 그 일어남직함을 예측하기 어렵다. 틀을 바꾸어도 양자 사실들이 여전히 사실로 남으려면 다음이 성립해야 할 것 같다. 이것들은 말하자면 "양자 원리"다.

- 틀을 바꾸어도 측정값의 스펙트럼은 바뀌지 않는다. 곧 측정된 물리량의 제한된 불연속 목록이 $\{q_1, q_2, \cdots q_n\}$이면 틀을 바꾸어도 여전히 $\{q_1, q_2, \cdots q_n\}$이다.
- 틀을 바꾸어도 한 사건의 일어남직함은 바뀌지 않는다.

이제 우리는 한결의 원리에 따라 다음 양자 원리 QP를 요구한다.

- QP1: $Q'|q'> = q|q'>$
- QP2: $|<q|\psi>|^2 = |<q'|\psi'>|^2$

여기서 고유벡터 $|q>$와 $|q'>$는 각각 Q와 Q'의 고유상태다. Q의 고윳값 q와 Q'의 고윳값 q'는 같은 물리량 Q의 측정값들이다. QP1에 따르면 Q'의 고유값들 목록은 Q의 고유값들 목록과 같아야 한다. 틀이 바뀌면서 사물의 상태를 표상하는 벡터가 $|q>$에서 $|q'>$로 바뀌지만 이와 함께 물리량을 표상하는 바꾸개

도 Q에서 Q'로 덩달아 바뀐다. 이 때문에 애초 고윳값 관계식 $Q|q> = q|q>$는 틀이 바뀐 뒤 $Q'|q'> = q'|q'>$로 바뀌지만 새로운 틀에서 얻을 측정값 q'는 q와 같아야 한다.

양자 원리 QP1과 QP2를 써서 정식체계를 만드는 과제는 다소 복잡한 수학 계산과 이론을 요구한다. $|<q|\psi>|^2 = |<q'|\psi'>|^2$이 성립하려면 내적 $<q|\psi>$가 달라지지 않는 방식으로 좌표를 변환해야 한다. 유니터리 변환은 정의상 이를 만족하는 좌표 변환이다. 따라서 QP2를 만족하는 틀의 바꿈은 유니터리 변환이어야 한다. 좌표계의 시간좌표를 $-s$만큼 이동시켜 물리계의 상태를 $|\psi_t>$에서 $|\psi_{t+s}>$로 흘려보내는 유니터리 변환은 e^{-iHs}로 표현할 수 있다. 유니터리 변환 e^{-iHs}는 말하자면 시간 흐름 바꾸개다. 이 경우 정의에 따라

$$e^{-iHs}|\psi_t> = |\psi_{t+s}>$$

가 성립한다. 또는

$$(1) \quad \frac{d|\psi_t>}{dt} = -iH|\psi_t>$$

가 성립한다. 이 수식은 이른바 "슈뢰딩거 방정식"인데 양자역학의 동역학 법칙이다. 이는 사물의 상태 $|\psi_t>$가 시간에 따라 어떤 식으로 바뀌어갈지를 알려준다. 위치 물리량 X를

표현하는 바꾸개를 X라 하면 X는 고윳값 x와 고유벡터 $|x\rangle$를 갖는다. 고유벡터 $|x\rangle$와 상태벡터 $|\psi_t\rangle$의 내적 $\langle x|\psi_t\rangle$를 낯익은 수학 표현으로 바꾸면 $\psi(x, t)$다. $\psi(x, t)$는 위치 관점에서 사물의 상태를 기술하는데 주로 파동의 모습을 띠기에 "파동함수"라 한다.

한편 H는 시간 흐름 바꾸개 e^{-iHs}를 생성하는 바꾸개이기에 이를 "시간 흐름 만들개"라 하고 "해밀토니언"이라 읽는다. 양자역학 이론가는 공간 이동 변환, 공간 회전 변환, 시간 이동 변환 따위를 정의한 뒤 이들 변환이 QP1과 QP2를 만족하도록 서로를 관계짓는다. 이들 변환 사이에 성립하는 관계식을 찾으면 해밀토니언 H가 사물의 에너지에 해당하는 바꾸개임이 드러난다. 결국 시간 흐름 만들개는 에너지에 해당하는 바꾸개인 셈이다. 이는 우연의 일치가 아니라 에너지의 정의에서 비롯된 일치다. 물리계의 에너지는 정의상 시간에 따라 보존되는 물리량이다. 에너지를 시간에 따라 달라지는 다른 물리량으로 표현하면 물리량과 물리량의 관계식 곧 동역학 법칙이 유도된다. 이는 양자역학에서도 마찬가지다.

양자화 알고리듬에 따르면 이 해밀토니언의 고윳값은 에너지의 가능한 측정값이다. 바꾸개 H의 고윳값을 "에너지 스펙트럼" 또는 "에너지 준위"라 한다. 에너지 준위를 구하는 방정식은 다음과 같은 고윳값 방정식이다.

(2) $H|E> = E|E>$

이 고윳값 방정식에서 주어진 것은 H고 풀어야 할 것은 고윳값 E와 E에 대응하는 고유상태 $|E>$다. 이 방정식을 미분방정식 형태로 바꾸면 슈뢰딩거의 파동방정식을 얻는다. 사물의 상태 $|\psi>$는 고유상태 $|E>$들의 선형 조합으로 표현된다. 한편 식 (2)는 위치에 따른 미분방정식이고 식 (1)은 시간에 따른 미분방정식이다. 슈뢰딩거의 파동방정식은 식 (1)과 식 (2)로 이뤄졌으며 두 식을 함께 풀면 에너지 준위 E들과 $|\psi>$를 얻을 수 있다. 에너지 준위는 우리가 이 현실 세계에서 경험하는 현상들 가운데 하나다. 우리가 사물에게 에너지를 줄 수 있는 까닭은 시간좌표를 바꾸어도 현상들에 스며 있는 현상의 구조가 바뀌지 않으리라는 원리를 우리가 굳게 믿기 때문이다. 이 한결의 원리를 바탕으로 현상을 볼 때 우리는 사물에게 에너지를 줄 수 있고 그 사물은 에너지를 가진 대상 곧 물체로서 드러난다.

물리학의 동역학 법칙은 자연에서 일어날 수 있는 것과 일어날 수 없는 것을 제한한다. 양자 사실을 설명하는 동역학 법칙은 양자 원리 QP1과 QP2를 만족해야 한

다. 슈뢰딩거 방정식은 양자 원리를 만족하는 동역학 법칙이다. 슈뢰딩거 방정식을 풀어 일단 에너지 준위 E들과 고유상태 $|E\rangle$들을 얻으면 사물의 상태 $|\psi\rangle$는 이들의 선형 조합으로 표현할 수 있다. 나아가 상태 $|\psi\rangle$에 있는 사물이 시점 s에 에너지 E로 측정되는 사건의 일어남직함은 $|\langle E|\psi\rangle|^2$이다. 양자 동역학은 이 현실 세계에서 우리가 겪을 수 있는 물리 사건의 범위와 그 사건의 일어남직함을 알려준다. 양자 원리 QP2에 따르면 물리 사건의 일어남직함은 시간과 공간의 한결같음에서 비롯된 보존량이다. 이것은 물리 사건의 일어남직함이 일종의 물리량임을 말해준다. 사건의 일어남직함은 동역학 법칙을 따르지만 명제의 믿음직함은 동역학 법칙을 따르지 않는다. 이 점은 믿음직함과 일어남직함의 가장 중요한 차이점이다.

0505. 일차 주요 원리

앞에서 다룬 이차 주요 원리는 명제의 믿음직함을 이미 가진 인식 주체가 믿음직함을 갱신할 때 따라야 하는 주요 원리였다. 반면 일차 주요 원리는 명제의 믿음직함을 처음 매길 때 따라야 하는 주요 원리다. 이제 끝으로 일차 주요 원리 곧 사건 주요 원리를 간단히 다루겠다. 학자들이 사건 주요 원리를 다룰 때 두 가지 잘못을 저지른다. 첫째, 사건을 명제화한다. 사건의 형이상학 가운데 가장 잘못된 것은 사건을 명제와 동일시하는 일이다. 사건은 이 현실 세계에서 실제로 생겼다 사라지는 존재 항목이지만 명제는 그렇지 않다. 명제를 다루려고 가능세계들의 집합을 도입하는 일은 괜찮은 접근이다. 왜냐하면 명제는 생각의 내용인데 가능세계 자체가 인식 주체가 생각할 수 있는 것과 없는 것을 표상하기 때문이다. 하지만 사건을 가능세계들의 집합으로 여기는 것은 나쁜 접근이다. 둘째, 진정한 우연이 아닌 상황에서도 하찮지 않은 일어남직함을 준다. 말 그대로 우연이 성립하려면 현실 세계의 동역학 법칙은 비결정주의 법칙이어야 한다. 나는 양자 사건을 진정한 우연 사건으로 여기며 양자 사건에 하찮지 않은 일어남직함을 준다.

우리가 사는 이 현실 세계에서 유효한 사건 주요 원리

는 양자 사건의 일어남직함과 우리가 믿는 명제의 믿음직함을 연결해야 한다. 사건 주요 원리는 다음과 같이 정식화할 수 있다.

> 사건 주요 원리: 사건 e의 일어남직함이 x임을 안 다음 명제 "사건 e가 일어난다"의 믿음직함은 x다. 곧 CR(사건 e가 일어난다|CH(e)=x) = x.

여기서 함수 CR은 믿음직함 함수고 함수 CH는 일어남직함 함수다. CR(사건 e가 일어난다|CH(e)=x)는 인식 주체가 오직 "CH(e) = x"만을 새로 알게 된 다음 "사건 e가 일어난다"의 믿음직함이다. 사건 e는 물리 사건이며 양자 사건이기에 CH(e)는 양자 동역학에 따라 결정되는 물리량이다. 양자 동역학 말고 다른 동역학 법칙이 성립하는 세계에서는 물리 사건 e는 다른 방식으로 개별화되며 물리량 CH(e)는 다른 방식으로 결정된다.

한 양자 사건 e를 생각하겠다. 사건 e는 한 존재 조건 $|\psi_t\rangle$에 있는 물리 사물이 시점 s에 $v(Q) \rightsquigarrow q$로 구체화되는 개별 사건이다. 통계 알고리듬에 따르면 CH(e) = CH($v_s(Q) \rightsquigarrow q|\psi_t$) = $|\langle q|\psi_s\rangle|^2$이다. 양자 알고리듬을 써서 $|\langle q|\psi_s\rangle|^2$을 셈할 수 있는데 이 값이 x라 가정하겠다. 이 경우 정보 "CH(e) = x" 곧 "사건

e의 일어남직함은 x다"를 얻는다. 정보 "CH(e) = x"를 안 다음 명제 "사건 e가 일어난다"의 믿음직함은 x여야 한다. 이것이 사건 주요 원리다.

양자 사건 e는 측정 시점 s에 구체화되는 개별 사건이다. 명제 "사건 e가 일어난다"는 명제 "사건 e가 시점 s에 일어난다"와 뜻이 같다. 물론 CH(e)가 1이 아니면 사건 e는 아예 실현되지 않을 수도 있다. 사건 e는 다른 시점에 일어날 수 없다. 다른 시점에 일어난 사건은 다른 사건이다. 시점 s와 다른 시점 s'에 대해 "사건 e가 시점 s'에 일어난다"는 거짓이다. 이 경우 "사건 e가 시점 s'에 일어난다"의 믿음직함은 0이다. 우리는 문장 "사건 e가 시점 t에 일어난다"를 조심해서 써야 한다. 시점 s가 아닌 모든 시점 t에 대해

CR(사건 e가 시점 t에 일어난다|CH(e)=x) = 0

CR(사건 e가 시점 t에 일어난다) = 0

이 성립한다. 우리에게 CR(사건 e가 일어난다)는 시간에 따라 달라질 수 있다. 하지만 우리가 잘 헤아린다면 CR(사건 e가 일어난다|CH(e)=x)는 시간에 따라 달라질 수 없다.

사건의 존재 상황은 사건의 개별화를 낳는다. 사건의 존재 상황을 이루는 것은 사물의 상태 $|\psi_t\rangle$, 한 물리량 Q의 측

정 과정, 측정 시점 s다. 상태 $|\psi_t\rangle$ 안에 이미 양자 동역학 법칙과 초기 조건이 담겼다. 데이비드 봄은 사물의 상태 $|\psi_t\rangle$ 안에 나머지 물리 세계 전체의 상태까지 수록되었다고 주장한다. 아무튼 사물의 초기 조건과 양자 동역학 법칙으로부터 얻은 사물의 상태 $|\psi_t\rangle$는 시시각각 그 사물의 역사를 기술한다. 양자역학의 표준 해석에 따르면 물리량 Q를 측정하여 측정값 q를 얻었다면 상태 $|\psi_t\rangle$는 고유상태 $|q\rangle$로 바뀐다. 결국 측정 시점 s 이후에는 존재 상황 자체가 재설정되고 다른 역사가 새로 펼쳐지는 셈이다. 측정 이전의 상태가 $|\psi_t\rangle$였다면 측정 이후 시간 t'에는 사물의 상태를 $|\psi_{t'}\rangle$로 쓸 수 없다. 결국 측정 이후 시점 s'에 대해

$$CH(v_s'(Q) \leadsto q|\psi_t) = |\langle q|\psi_{s'}'\rangle|^2$$

이 더는 성립하지 않는다. 여기서 $|\psi_{s'}'\rangle$는 $|\psi_t\rangle$의 t 자리에 s'를 넣어 얻은 벡터다. 측정 이후에는 다른 사건이 일어날 테고 그 사건의 일어남직함을 셈하려면 사물의 상태 $|\psi_t\rangle$를 새로운 상태로 재설정해야 한다.

측정 이후 시점에서 볼 때 사건 e는 이미 일어났거나 아예 일어나지 않았다. 사건 e가 일어났다면 사건 e는 측정 시점 s에 개별화된 뒤 이내 사라진다. 측정 이전에 CH(e)가 x였다

면 측정 이후 시점에 CH(e)는 0 또는 1인가? 아니다. 다만 측정 이후에 주체가 가진 정보에 따라 CR(사건 e가 일어난다) 또는 CR(사건 e가 일어났다)가 0 또는 1일 수 있을 뿐이다. 물리량으로서 일어남직함 CH(e)는 사건 e가 사건화되기 전에 또는 개별화되기 전에 셈한 값이다. 나의 어제 몸무게가 70kg이더라도 나의 오늘 몸무게는 71kg일 수 있다. 하지만 어제 잰 나의 몸무게가 70kg이면 '어제 잰 나의 몸무게'가 오늘 71kg으로 바뀔 수는 없다. 측정 전에 셈한 사건의 일어남직함이 1/2이면 '측정 전에 셈한 사건의 일어남직함'이 측정 후에 0 또는 1로 바뀔 수는 없다. 개별 사건의 일어남직함 CH(e)는 물리량이며 이는 측정 전후에 달라지지 않는다. 하지만 사건 유형 '$v_t(Q) \leadsto q|\psi_t$'의 일어남직함은 $|<q|\psi_t>|^2$인데 이는 시간에 따라 달라진다.

개별 사건의 일어남직함은 주체가 가진 정보에 따라 달라지는가? 이 물음을 다루기에 앞서 이른바 '이론 주요 원리'를 짧게 이야기하겠다. 물리학자는 먼저 "우리 세계에서 양자 알고리듬과 양자 동역학 법칙이 성립한다"를 확신한다. 이를 확신함으로써 그는 "CH($v_t(Q) \leadsto q|\psi_t$) = $|<q|\psi_t>|^2$"을 확신한다. 그가 그것을 확신하지 못하면 "CH($v_s(Q) \leadsto q|\psi_t$) = $|<q|\psi_s>|^2$"도 확신하지 못한다. 이 때문에 물리학자는 사건 주요 원리를 채

택하기 전에 다음과 같은 이론 주요 원리를 채택한다.

> 이론 주요 원리: 우리 세계에서 양자 알고리듬과 양자 동역학 법칙은 참이다.

이 원리는 일차 주요 원리의 바탕이 되기에 이를 "영차 주요 원리"라 달리 부르면 좋겠다.

한 사물의 상태가 $|\psi_t\rangle$면 이론 주요 원리로부터 우리는 "$CH(v_s(Q) \rightsquigarrow q|\psi_t) = |\langle q|\psi_s\rangle|^2$"을 추론할 수 있다. 우리가 이론 주요 원리를 받아들이더라도 한 사물의 상태가 정확히 어떠한지 또렷이 알 수는 없다. 곧 CR(그 사물의 상태는 $|\psi_t\rangle$다)는 1보다 작다. 이것은 우리가 그 사물의 초기 조건을 확신할 수 없기 때문이다. 우리가 $|\langle q|\psi_s\rangle|^2$을 셈하여 CH(e)를 얻더라도 이것은 특정 초기 조건을 가정한 인식 상황에서 얻은 값일 뿐이다. 현장 물리학자는 사물의 초기 조건 및 상태를 확신할 수 없는 인식 상황에서 양자 사건의 일어남직함을 셈한다. 양자 통계역학과 양자 베이즈주의 이론은 이 주제를 깊이 다루지만 우리는 여기서 멈추겠다. 여담이지만 아인슈타인과 밸런타인의 앙상블 해석, 드 브로이와 봄의 인과 해석, 에버렛의 많은 세계 해석에 따르면 양자 사건의 '일어남직함'은 다만 양자 예측의 '믿음직함'일 뿐이다.

개별 사건의 일어남직함은 주체가 가진 정보에 따라 달라지는가? 아니다. 인식 주체의 정보에 따라 달라지는 것은 개별 일어남직함의 계산이다. 우리가 양자 동역학 법칙과 양자 알고리듬을 흔쾌히 받아들이더라도 우리는 개별 사건의 일어남직함을 잘못 셈할 수 있고 다르게 셈할 수 있다. 무엇보다 초기 조건에 관한 주체의 정보가 달라지면 주체는 사물의 상태 $|\psi_i\rangle$를 다르게 셈한다. 일단 이 세계에 양자 동역학 법칙과 양자 알고리듬이 성립하면 우리가 개별 사건의 일어남직함을 잘못 셈하든 다르게 셈하든 그 사건의 일어남직함은 하나의 물리량으로서 고정된 값을 갖는다. 이 때문에 다음이 성립할 것 같다.

> 사건 주요 원리: 정보 "사건 e의 일어남직함은 x다"와 더불어 정보 E를 안 다음 명제 "사건 e가 일어난다"의 믿음직함은 x다. 곧 CR(사건 e가 일어난다|E&˙CH(e)=x˙) = x.

추가 정보 E가 반드시 참말이면 원래 사건 주요 원리로 되돌아온다. 수정된 사건 주요 원리에 따르면 추가 정보 E가 무엇이든 명제 "사건 e가 일어난다"의 믿음직함은 바뀌지 않는다. 추가 정보 E가 미래 사건에 관한 정보라도 상관없다. 추가 정보 "양자 사실은 거짓이다", "양자 알고리듬은 거짓이다", "양

자역학은 거짓이다", "그 사물의 상태는 $|\psi_t\rangle$가 아니다" 따위가 'CH(e)=x'를 부정할 수는 없다. 이 때문에 그런 정보가 추가로 주어지더라도 사건 주요 원리는 여전히 성립한다. 다만 매우 사소한 제약이 있는데 그것은 CR(E&'CH(e)=x')가 0이어서는 안 된다는 조건이다.

참고문헌

확률, 믿음직함, 일어남직함의 일반 논의는 다음 책을 참조했다.

- 이영의 2015, 『베이즈주의: 합리성으로부터 객관성의 여정』, 한국문화사
- 전영삼 2013, 『귀납: 우리는 언제 비약할 수 있는가』, 아카넷
- I. Hacking 2022, 『확률과 귀납논리』, 박일호·이일권 옮김, 서광사
- T. Handfield 2012, *A Philosophical Guide to Chance*, Cambridge University Press

제3장 조건화는 주로 박일호의 논문을 참조했다.

- 박일호 2011, 「조건화와 고자 믿음 갱신」, 『논리연구』 제14집 3호: 27–58
- 박일호 2012, "Rescuing Reflection", *Philosophy of Science* **79**: 473–89
- 박일호 2013, 「부분적 믿음 갱신과 조건화」, 『과학철학』 제16권 1호: 29–56
- 박일호 2013, 「조건화와 입증: 조건화 옹호 논증」, 『논리연구』 제16집 2호: 155–188
- 박일호 2015, 「인식적 존중의 딜레마」, 『과학철학』 제18권 1호: 1–29
- 박일호 2015, 「고차 조건화와 믿음 기반 약화」, 『논리연구』 제18집 2호: 167–196
- 박일호 2016, 「과연 주요 원칙은 무차별성 원칙을 함축하는가?」, 『철학적 분석』 제35호, 1–26

- 박일호 2017, 「일어남직함과 믿음직함: 이스마엘의 일반 해법과 페티그루의 비판」, 『과학철학』 제20권 1호: 75–111
- 박일호 2018, 「주요 원리와 조건화의 상호보완성」, 『논리연구』 제21집 3호: 321–353
- 박일호 2022, 「조건부 신념도의 무관성과 보수적 신념도 갱신」, 『철학적 분석』 제49호, 61–90
- 이영의·박일호 2015, 「베이즈주의 인식론」, 『과학철학』 제18권 2호: 1–14

제4장 선택효과는 나의 다른 논문에서 이미 다루었다.

- 김명석 2016, 「두 딸 문제와 선택 효과」, 『논리연구』 제19집 3호: 369–400
- 김명석 2017, 「자기의식 정보와 관찰 선택 효과」, 『논리연구』 제20집 1호: 1–19
- 김명석 2017, 「갈라진 두 마음의 자기의식 정보」, 『철학연구』 제142집: 27–50
- 김명석 2017, 「나, 지금, 여기의 믿음직함」, 『과학철학』 제20권 2호: 45–67
- 김명석 2018, 「자기 표본추출 가정과 자기 표지 가정」, 『동서철학연구』 제89호: 353–368
- 김명석 2019, 「생겨난 이의 자기의식 정보」, 『논리연구』 제22집 1호: 1–23
- 김명석·안영진 2019, 「휠러 우주론과 도박사 오류」, 『과학철학』 제22권 2호: 1–22
- 김한승·김명석 2013, 「두 딸의 문제에 관한 대화」, 『과학철학』 제16권 2호: 97–12
- 전승현·김명석 2019, 「선택 효과는 우연 우주론을 구할 수 있는가?」, 『과학철학』 제22권 1호: 1–23
- 전승현·김명석 2019, 「가설의 그럴듯함과 배경 정보」, 『철학적 분석』 제42호: 57–71

제5장 일어남직함은 다음 논문을 참조했다.

- 김명석 2015, 「자연의 원리: 측정과 자연현상」, 『과학철학』 제18권 1호: 73–101
- S. Bradley 2017, "Are objective chances compatible with determinism?", *Philosophy Compass* **12**: 1–11
- J. D. Gallow 2021, "A subjectivist's guide to deterministic chance", *Synthese* **198**: 4339–4372
- L. Glynn 2010, "Deterministic chance", *British Journal for the Philosophy of Science* **61**: 51–80
- C. Hoefer 2016. "Objective chance: not propensity, maybe determinism", *Revue de la Société de Philosophie des Sciences* **3**: 31–42
- C. J. G. Meacham 2010, "Two mistakes regarding the principal principle", *British Journal for the Philosophy of Science* **61**: 407–431.
- J. Schaffer 2007, "Deterministic chance?", *British Journal for the Philosophy of Science* **58**: 114–140.
- A. Vasudevan 2018, "Chance, determinism and the classical theory of probability", *Studies in History and Philosophy of Science* **67**: 32–43

글쓴이 김명석은

물리학과 수학과 철학을 공부했습니다. 철학박사를 받은 다음 경북대 기초과학연구소 연구초빙교수, 대통령 직속 중앙인사위원회 PSAT 전문관, 국민대학교 교수로 연구하고 일하고 가르쳤습니다. 현재 학아재 학장이며 이화여자대학교 연구교수입니다. 여태 쓴 논문으로는 「심적 차이는 역사적 차이」, 「인식론에서 타자의 중요성」, 「존재에서 사유까지: 타자, 광장, 신체, 역사」, "Ontological Interpretation with Contextualism of Accidentals", 「자연의 원리: 측정과 자연현상」, 「나, 지금, 여기의 믿음직함」 따위가 있습니다. 쓴 책으로는 『두뇌보완계획 100』, 『두뇌보완계획 200』, 『과학 방법』, 『엔트로피』, 『예수 텍스트』 따위가 있습니다. 후기분석철학의 인식론과 언어철학, 언어와 사고의 기원, 의미의 형이상학, 뜻 믿음 바람 행위의 종합이론, 학문의 우리말 토착화, 양자역학의 존재론 해석, 측정과 물리 현상, 해석과 마음 현상, 믿음의 철학 따위를 주로 공부합니다.
myeongseok@gmail.com

이 책은 학아재를

키우는 데 이바지합니다. 학아재는 배우고자 하는 사람들이 연구하면서 일하는 대안회사며, 대안대학원이며, 대안연구소입니다. 학아재는 슬기로움을 사랑하는 이들을 위한 카페며, 서점이며, 스튜디오며, 독서실이며, 도서관이며, 서당이며, 서원이며, 교회입니다. 이 책을 읽고 널리 퍼뜨리는 일은 학아재를 키우는 밑거름입니다.

확률: 믿음과 우연

초판 1쇄 발행 2024년 3월 24일

지은이	김명석
펴낸이	김로이
편집기획	유영훈
디자인	안박스튜디오

펴낸곳	학아재
주소	서울시 종로구 필운대로5나길 25, 2층
전화	02-766-7647
ISBN	979-11-963895-6-7(93400)

SNS ⓘ	@hagajae
전자우편	martin@hagajae.com

출판등록   제2015-000191호

© 김명석 2024

이 책은 2022년 대한민국 교육부와 한국연구재단의 지원을 받아 수행된 연구 저술입니다. NRF-2022S1A5B5A16050328. 대한민국 교육부와 한국연구재단에 고맙습니다.